数学の苦手が
好きに変わるとき

芳沢光雄 Yoshizawa Mitsuo

JN052087

★──ちくまプリマー新書

446

目次

*

Contents

まえがき

　紀元前8000年頃から始まる新石器時代の近東では、個々の物品を管理する目的で粘土製品の「トークン」というものが使われていました（○○に対応した円いトークンが手元に3つあれば、倉庫には○○という物品が3つあるとわかる、等々）。このころはまだ現実にある物品そのものをトークンに置き換えていただけにすぎません。それが紀元前3000年頃には、個数の概念が個々の物品の概念から分かれたことを示す粘土板が現れました。1950年にノーベル文学賞を受賞したバートランド・ラッセルは、「ひとつがいの雉も、2日も、ともに2という数の実例であることを発見するには長い年月を要したのである」と述べているように、それは人類の文化を支える「数」というものを創造した重要な出来事であったのです。

　以後、現在そして未来まで、客観的な情報伝達の場においては「数」が用いられていて、それゆえ「数学」という学問は人類にとって本質的な働きをしています。独裁者は歴史上の事実を歪めることはできても、「数学」の正しい結論に意義を唱えて変更することはできません。

　およそ「数学」を学ぶことによって、厳密な議論を身に付けること、様々な分野に応用できることなどの

効果があるでしょう。ところが、残念ながら現在の日本では「数学嫌い」が顕著です。その原因を考えると、「学び方」の問題もあるものの、「教え方」の問題もいろいろあるという結論に達します。

それによる犠牲者はまさに「数学嫌い」の人達です。「やり方」を暗記させて真似させるだけの教育、計算スピードを競わせる教育、プロセスの説明を省く教育、このような教育だけに慣らされていれば、「祭りのない宗教」のように人々の心は数学から離れても仕方がないでしょう。

1965 年にノーベル物理学賞を受賞した朝永振一郎は、「不思議だと思うこと、これが科学の芽です」という名言を残しています。「不思議だと思うこと」を体験し、「どうして？」という疑問を抱き、それに納得がいく説明を受け、その応用を模索する、本当はこのような流れで「数学」を学ぶとよいのです。

本書はそのように、「数学の学び方」のあるべき姿を読者の皆様に示し、今後の学び方の参考にしてもらいたい、と思って上梓しました。およそ理解力というものは、運動能力と同じように個人個人で大きな差があります。自分自身のペースでゆっくり理解しても、各駅停車の旅が味わい深いように、面白く学んでいけるはずです。あまり「皆と一緒」という意識をもつと、マイナスの面もあることに留意してもらいたいです。

本書を一読後は、嫌いだった運動や嫌いだった野菜

が急に好きになるように、嫌いだった「数学」も急に好きになっているだろうと思います。もちろん、「数学好き」な人達にとっては、もっと好きになるきっかけとしていただければうれしいです。そのような前向きな気持ちで読み進めることを、ここに期待します。

第1章　数学が嫌いになるとき

1節　数学は積み重ねの教科である

　人はいつ「数学嫌い」になっていくのでしょうか？
私の見立てでは、算数段階に問題があるように思います。

　算数では整数から始まって、小数や分数までの範囲
で四則計算を学びます。並行して、図形分野では様々
な平面図形や空間図形を学びます。さらに、長さ、面
積、体積、重さ、時間、速さなどの物理量を学び、同
じ量同士を比べるものとして、比と割合（％）を学び
ます。

　中学数学で学ぶ $\sqrt{2}$ などの実数、方程式、図形の証
明などは、当然、算数で学んだ内容の上に積み重ねら
れています。さらに、高校数学で学ぶ内容も、中学数
学で学んだ内容の上に積み重ねられています。

　およそ建築を見ても分かるように、土台となる基礎
工事が重要で、そこに手抜きがあると建物は傾いたり
倒れたりします。算数、中学数学、高校数学と続く数
学の学びも同じですが、その辺りの認識が不十分であ
るように感じることがあります。

　それは、「算数、中学数学、高校数学となるにしたが
って重要性は増していくのであって、算数はあまり重

要ではない」という見方です。要するに、基礎の部分を軽視しているのです。これは他の分野であれば、たとえば日本史のとくに現代史が大切だと思う人が「原始時代、古代、中世、近世、近代の順に重要度は増していく」という見方はあるかも知れません。どうも、その見方と重ね合わせているのではないかと感じます。

　私は桜美林大学に2023年3月まで勤めていたのですが、勤め始めて数年が経った頃から、大学の就職委員長を引き受けていました。当時、桜美林の学生の就職状況は芳しくなく、その原因のひとつが算数・数学に関係する非言語系の適性検査であることを知り、困っている学生のために「就活の算数」というボランティア授業を後期の木曜日の夜間に開講しました。そこで分かったことは、算数の内容が間違った方法で教えられていた学生さんがたくさんいたことです。ある意味では、「教育の犠牲者」ではないかと思いました。いくつかの事例を挙げましょう。

　皆さんもよく知っている九九に関して、たとえば「3×6＝18（サブロクジュウハチ）」は

$$3+3+3+3+3+3 = 18$$

であることを学んでから、「サブロクジュウハチ」とい

う言葉を覚えます。ところが、上の式を学ぶ前に「サブロクジュウハチ」という言葉を暗記させられたという学生さんに、何人も会いました。これでは、はじめて九九を習う小学生は混乱してしまいます。

それから下の図は、2008 年度の全国学力テスト算数A（6 年生）で出題された、平行四辺形の面積を求める問題で、全国の小学生の正答率は 85.3% でした。

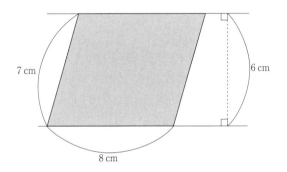

「平行四辺形の面積＝底辺×高さ」という公式の言葉自体は、大概の生徒さんは覚えていたのです。しかし同じ問題でも、次の図で出題したところ、間違って「7×8＝56（cm²）」と答えた生徒さんが結構いたのです。その人達に共通していたことは、公式の言葉だけ覚えさせられて、底辺に対する高さの意味をほとんど教えられていなかったのです。

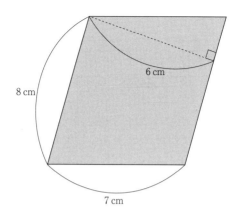

8 cm

6 cm

7 cm

　余談ですが、かつて私の友人が小学生の子どもさん
の授業参観に行ったところ、先生は「3つの角度が違
う二等辺三角形がある」と生徒の前で間違った発言を
されていたので、呆（あき）れてその問題を写メールにして見
せてもらいました。このような“授業”もあるので、
上の平行四辺形の話題は仕方がないかも知れません。

　また、読者の皆様で「は・じ・き」を知っている方
は少なくないでしょう。さらに、「く・も・わ」も知っ
ている方もいるでしょう。昔の人でこのような奇妙な
ものを知っている人は、ほとんどいないはずです。
「は・じ・き」は「は（速さ）・じ（時間）・き（距離）」
のことで、「く・も・わ」は「く（比べられる量）・も（も
とにする量）・わ（割合）」のことで、次のように図で表

します。

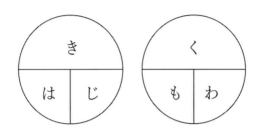

　これはそれぞれ、

速さ×時間 ＝ 距離
もとにする量×割合 ＝ 比べられる量

を表しているので、下の2つを掛けることによって真
ん中の横線の上のものになります。それゆえ、「き」を
「は」で割ると「じ」、「き」を「じ」で割ると「は」、
「く」を「も」で割ると「わ」、「く」を「わ」で割ると
「も」、などの関係も図示しています。
　そもそも動いている物の「速さ」とは、単位時間あ
たりどのくらいの距離を進むかを表すもので、たとえ
ば「時速50km」とは、1時間に50km進むことです。
そこで、時速50kmで走行している車は4時間に200
km進みます。

　いま述べたことをきちんと頭に入れておけば、何も

「は・じ・き」などに頼って「速さ」に関する問題を解く必要はありません。夜間に行っていた「就活の算数」ボランティア授業でも「速さ・時間・距離」に関する演習問題を行ったとき、間違った学生の解答の横にはなぜか必ずと言っていいほど「は・じ・き」の図が書いてあったのです。しかし、その用法を間違っていたのです。理解なき学びの結末でしょう。

　比べられる量、もとにする量という割合で使われる言葉に関しても、初めにそれぞれの言葉の意味をきちんと理解することが大切です。「もとにする量」は最初に基準とする量で、「比べられる量」はそれと比較する量のことです。なお、「もとにする量」の量と「比べられる量」の量は同じ内容で、一方が他方の何倍という関係の意味があるものに限られます。すなわち、両方とも距離のことであるとか、両方とも金額のことであるとか、両方とも重さのことであるとか、等々です。この一見当たり前の指摘が他ではあまり見掛けないので、ここできちんと述べておきます。

　たとえば、父親の体重が60㎏で子どもの体重が30㎏とします。父親の体重をもとにする量で、子どもの体重を比べられる量とすると、比べられる量はもとにする量の半分、すなわち1/2倍です。反対に、子どもの体重をもとにする量で、父親の体重を比べられる量とすると、比べられる量はもとにする量の2倍で

す。

　ここで、「百分率」を導入します。「もとにする量」と「比べられる量」の対象となり得る何らかの量を想定し、もとにする量として △ を想定し、△ を 1 としたときの 0.01 に相当する量（比べられる量）を △ の 1% といいます。そして、「〜%」という表現を一般に「百分率」といいます。

　たとえば △ を 2000 円とするとき、2000 円を 1 としたときの 0.01 に相当する量は 20 円なので、2000 円の 1% は 20 円になります。それゆえ、

$$400 \text{ 円} = 2000 \text{ 円の } 20\%$$
$$4000 \text{ 円} = 2000 \text{ 円の } 200\%$$
$$2 \text{ 円} = 2000 \text{ 円の } 0.1\%$$

などが分かります。上の 3 つの式の左辺のそれぞれは、2000 円をもとにする量としたときの比べられる量と考えています。これをしっかり理解しておけば、何も「く・も・わ」などに頼ってそれらの関係を学ぶ必要はありません。

　ところが、次のような珍現象がいろいろ起こっています。2012 年の全国学力テスト（全国学力・学習状況調査）で出題された問題です。

算数 A3（1）（小学 6 年）

　赤いテープと白いテープの長さについて、

「赤いテープの長さは 120 cm です」

「赤いテープの長さは、白いテープの長さの 0.6 倍です」

が分かっているという前提で、以下 4 つの図から適当なものを選択させる問題です。

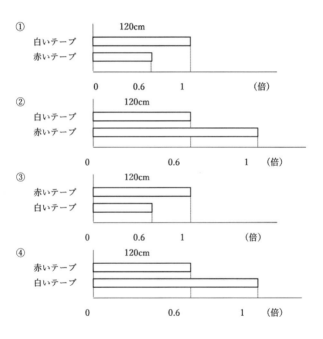

なんとこの問題、③と回答した児童が 50.9% もいる半面、正解の④を回答した児童は 34.3% しかいなかったのです。もとにする量と比べられる量の表現について、小学生がほとんど理解していないことを示す結果の一つです。

　その根本的な原因を探ると、以下の 4 通りの表現を理解できていないと考えられます。(1)、(2)、(3)、(4) の表現は、「…」をもとにする量として、「〜」を比べられる量として、意味としては同じことを述べています。しかし、それらの関係をきちんと理解していない子ども達にとっては、この 4 つの表現で混乱してしまうのでしょう。

　　(1)　〜の…に対する割合は○%
　　(2)　…に対する〜の割合は○%
　　(3)　…の○% は〜
　　(4)　〜は…の○%

　「就活の算数」ボランティア授業でも、「比べられる量・もとにする量・割合」に関する演習問題を行ったとき、たとえば「2 億円は 50 億円の何% か」という問題を出した場合に、正解の 4%（2÷50＝0.04）以外に誤解答がたくさん出ました。一番多い誤解答は、50 を 2 で割った「25%」でした。人間的に立派な学生さんが多数間違えた姿を見ると、その責任は小学校時代に受けた教育にあると思うしかありませんでした。

昔の人は「は・じ・き」や「く・も・わ」などに頼ることなく「速さ」や「割合」を理解して学びました。ところが、最近の小学校や学習塾や参考書の一部では、「速さ」や「割合」を全く理解させることなく「は・じ・き」や「く・も・わ」の図式から「速さ・時間・距離」や「比べられる量・もとにする量・割合」の関係式を暗記させて教えることが横行しています。

　参考までに、驚くべきデータを紹介しておきます。2012年度の全国学力テストから加わった理科の中学分野（中学3年対象）で、10%の食塩水を1000グラムつくるのに必要な食塩と水の質量をそれぞれ求めさせる問題が出題されました。「食塩100グラム」「水900グラム」と正しく答えられたのは52.0%に過ぎませんでした。

　実は昭和58年（1983年）に、同じ中学3年を対象にした全国規模の学力テストで、食塩水を1000グラムではなく100グラムにしたほぼ同一の問題が出題されました。この時の正解率は69.8%だったのです。ほぼ同一の問題で行った2つの大規模調査結果で、正答率で約5割と約7割の違いが出ることは一大事でしょう。理解無視の暗記による「％」の教育が勢いを増したと考えます。

　「就活の算数」ボランティア授業では、3桁同士の掛け算の筆算の仕組みを理解していない学生も少なから

ずいたことを思い出します。たとえば、

$$493 \times 738 = 363834$$

の掛け算を、筆算で計算しようとすると

$$
\begin{array}{r}
493 \\
\times 738 \\
\hline
3944 \\
1479 \\
3451 \\
\hline
363834
\end{array}
$$

となります。しかし本当は、

$$493 \times 738 = 493 \times (8 + 30 + 700)$$
$$= 493 \times 8 + 493 \times 30 + 493 \times 700$$

の意味があるので、

$$
\begin{array}{r}
493 \\
\times 738 \\
\hline
3944 \\
14790 \\
345100 \\
\hline
363834
\end{array}
$$

と書く方がよいと考えます。ちなみに 2005 年頃、インドのある算数教科書を見ているときにふと、上記の

記法で指導している部分を見て感激したものです。

いずれにしろ、0とか00を省略した書き方だけを覚えていたために、

$$493 \times 708$$

という掛け算を筆算で解かせたとき、まごついた学生が何人かいました。正解は、

$$493 \times 708 = 493 \times (8 + 700)$$
$$= 493 \times 8 + 493 \times 700$$

という意味を踏まえて、次のようになります。

$$
\begin{array}{r}
493 \\
\times 708 \\
\hline
3944 \\
3451 \\
\hline
349044
\end{array}
$$

そして聞いてみたところ、実は、3桁同士の掛け算を上のように説明してもらった記憶がある学生さんはいませんでした。

ここまで、「九九」、「平行四辺形の面積」、「百分率」、「掛け算の筆算」などについて紹介してきましたが、他にも学生さんが「教育の犠牲者」と思った内容はいくつかありました。いずれにしろ、数学の基礎工事に相当する算数の教育で、暗記だけの"手抜き工事"が横

行しているとしか考えられません。

　そのような状況に陥って困っている学生さんに対して、「小学校で学んだ内容でしょ」と言って、理解不足の内容を叱ったところで「マイナス効果」しかないはずです。子どもの頃に誤った水泳の指導を受けて、"金槌"のまま大人になってしまった方に、「子どもの頃に水泳を習ったでしょ」と馬鹿にする発言をするようなものでしょう。

2節　数学に関する誤解

　数々の偉大な業績を残したドイツの数学者ガウス（1777-1855）は、すでに3歳のときに石屋を経営していた父親の帳簿を横からチェックしてあげていたそうですが、反対に、ゆっくり数学を理解していき、上手に数学を活かして立派に生きている人もたくさんいます。桜美林大学リベラルアーツ学群では、文系として入学したものの、最終的には数学専攻を優秀な成績で卒業して、教員として大活躍している人が何人もいます。

　数学に限らず日本には、年齢相応という考え方が広くはびこっていますが、アメリカなどでは高齢の老人が大学で無邪気に学んでいる姿をよく見掛けます。それだけに、理解の遅い生徒に暴言を吐く指導には閉口させられます。

　ネットでは「制限時間〜秒」という単純な計算問題をよく見掛けますが、「早く早く」とせかす教えはあちこちで目立ちます。ゆっくり着実に学んでいく姿勢こそ、もっと評価すべきでしょう。

　たとえば、中学校で習う図形の証明問題を粘り強くずっと考えている生徒に対して、「そろそろ日が暮れる時間だから帰宅しなさい」とだけ声を掛けるならば、「よく頑張って考えているね。その姿勢はとっても大切だけど、そろそろ日が暮れる時間だから帰宅し

ないとね」と声を掛ける方が、ずっとプラスと考えます。大学数学科教員として22年間勤めましたが、遅咲きの学生は皆、このようなタイプの者であったと振り返ります。

　中学校時代の親友で、計算問題は遅いものの証明問題が好きだった人がいましたが、彼もそのような学生さんと同じようなタイプでした。このような中学生に対して、「早く早く」ではなく、温かく見守ってあげる気持ちをもつか否かが、その人の人生を大きく左右するでしょう。

　私は中学生の頃、親戚の人達と一緒にお蕎麦屋さんに行くと、最後に「みっちゃん、数学が得意だから、お勘定いくらになるか計算して」と言われるのが嫌で、辛い思い出として残っています。今ほど電卓も普及していなかったこともありますが、「数学は単なる計算技術」という迷信を信じている大人には残念な気持ちがありました。もちろん、「数学は単なる計算技術ではありません」などと反論することもなく、静かに計算した中学生でした。

　日本には、それ以外にも数学に関する誤解が数多くあり、それが数学嫌いを助長させる面もあるようです。数学関係者が、数学に関する誤解を解く努力をあまりしていなかったこともあると、反省しています。

上記以外の例をいくつか挙げましょう。

今でもネットでは多数見られますが、「数学なんかできたって、将来は学者か学校の先生しか仕事はない」という日本固有の困った見方です。実際は真逆です（2019 年に経済産業省が発表したレポート「数理資本主義の時代〜数学パワーが世界を変える」を参照）。

たまに年配の方が小学生か中学生に対して、「○○ちゃんのお父さんもお母さんも数学が苦手だから、血筋からいって○○ちゃんが苦手なのは仕方ないよ」という光景を目にします。その方は、数学が苦手なことを慰めているつもりでしょうが、「数学が苦手」という意識を強めているだけで、迷惑千万なことです。

もちろん、反例はいくらでもあります。私は学生・大学院生時代に家庭教師で多くの生徒の点数 UP に成功しましたが、生徒のできる面を評価して、「キミは苦手どころか意外とできるじゃないか」などと言って、自信をもたせることを大切にしました。自信をもつと、問題を落ち着いて考えることができるようになるので、それだけで試験の点数は 20 点ぐらい上がったことを思い出します。

高校生が数学を苦手とする内容にはいろいろありますが、sin や cos などの三角関数、log の対数関数については、「苦手で嫌いな内容です」とよく言われます。それだけでなく、「そもそも log なんか何の役にも立

たないじゃないか」、「1周の360°を超えた角度の sin
や cos なんか、意地悪のため以外には意味ないよ」と
まで言われます。

　そのような生徒に会うたびに私は、「対数というのは
10000000000 のような非常に大きい数や、0.00000001
のような（0 に近い正の）小さい数を扱うときに便利な
もので、log が発見されたことから天文学や細菌学が
飛躍的に発展したんだよ。そもそも人間の五感は、
log を用いた式によって表されるのだよ」、「音などの
周期的に繰り返す波の研究には、360° を超えた角度の
sin や cos を用いるフーリエ級数というものが必須な
んだよ」と説明しています。

　その他として、一見同情しているように聞こえるも
のの、生徒の心を傷つけている発言も指摘せざるを得
ません。数学が苦手な生徒に対して、「やり方だけ暗
記して、マークシート問題だけ解ければいいじゃない
か」というものです。

　この発言を「その通りかもね」と思う生徒も多くい
るかも知れませんが、「自分も難しい概念を自分なり
に理解して、数学の面白さをもっと知りたい」と考え
る立派な生徒にとっては、ひどく傷つけられる発言な
のです。

　ここまで述べてきたように、数学というのは学ぶス
ピードの個人差が激しく、また、さまざまな「誤解」

を持たれがちな分野なのです。そういった誤解を信じてしまい、「自分は数学ができないんだ」と思ってしまうのは大変もったいないことです。

3節　教科書が内包する問題

　本章の最後に、数学嫌いを生み出す原因のひとつとして、教科書や授業の問題点もあげておきましょう。

　たとえば小学校の算数の授業で、「太郎君は1本50円の鉛筆を6本、花子さんは1冊100円のノートを3冊買いました。2人の買い物代金の合計はいくらですか」というような、架空のつまらない文章問題を解いた経験は誰にもあるでしょう。

　同じ例を挙げるならば、その時々の社会や子どもたちの興味を反映した「生きた題材」の方がずっと新鮮でワクワク感があります。食材に関しては新鮮で美味しいものが「好き嫌い」に大きく影響するように、数学の学びで用いる題材も同じであることに、もっと配慮したいものです。

　それから、中学数学では「作図」を学びますね。作図とは、目盛りのない定規とコンパスだけを用いていろいろな図を描くことですが、昔の教科書と比べて現在は、「作図文」の扱いが軽んじられていることが残念でなりません。具体例で説明しましょう。

　線分ABの垂直2等分線の作図をしましょう。すなわち、ABを2等分する点を通って、ABに垂直に交わる直線を引くことです。以下の①から③がその作図文です。

① 点 A を中心として、AB の半分の長さを超える半径をもつ円を描く。

② 点 B を中心として、①と同じ半径の円を描く。

③ 円 A と円 B の交点を P、Q とし、P と Q を通る直線を引く。

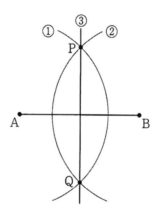

作図文は、その文の通りに図を描くと、求める図が必ず描けるようになっていなくてはなりません。上の例で、②の文章を次の②′のように変えたとしましょう。

②′ 点 B を中心として、AB の半分の長さを超える半径をもつ円を描く。

この場合、円Aと円Bの交点ができないこともあれば、仮に2つの交点ができても、その交点同士を通る直線を引くと垂線にはなるものの、「二等分」という条件は満たさないことにもなります（実際に試すと面白いですよ）。

　上の説明でご理解していただけるとうれしいですが、厳密な論述力を鍛える上で、作図文の学びはとても有効なものなのです。私自身も、作図文によって証明文の書き方が鍛えられたと振り返ります。
　垂直二等分線以外にも角の二等分線の作図や、与えられた線分を一辺とする正五角形の作図（少し難しい）など、いろいろなものに発展します。一方で、一般角の三等分線の作図は不可能のように、作図ができない図形もたくさんあることに注意します。
　普通の作文が上達すると、（作家を夢見て？）積極的に文章を書くようになるように、作図文が上達すると、証明文を書くことが面白くなる傾向がはっきりあります。それだけに、今の教科書には少し残念な気持ちをもちます。

　なお、堅苦しい作図文ではなく、もっと遊びの要素を取り入れたものとして、「地図の説明（目的地までの道順の説明）」があります。大学の朝の講義の中で、「今日、この教室まで家からどのように来たかについ

て、図を用いないで、なるべく誤解を生まない説明文を書いてごらん」、と伝えて書いてもらったことが何回かあります。論述文を書く楽しい試みであったと思います。みなさんも学校で友達とぜひやってみてください。誰が読んでも同じように理解できる文章を書くというのは案外難しく、面白いものです。

　また、高校数学教科書のカリキュラムに目を向けると、1990 年代の半ばから始まった数学 I、数学 II、数学 III、数学 A、数学 B、数学 C というアラカルト方式の体系において、建前として数学 I、数学 II、数学 III がコア科目、数学 A、数学 B、数学 C がオプション科目となっています（それら 6 科目のうち、3 単位の数学 I のみ必修）。問題点の一つは、これら 6 科目の中身が約 10 年に一度の学習指導要領の改訂のたびにクルクルと入れ替わることです。主な状況を参考までに示すと、以下のようになっています。

【2003 年度以降】　「順列・組合せと確率」が数学 I から数学 A に移動、「数列」が数学 A から数学 B に移動、数学 II にあった「複素数平面」は廃止、「確率分布」は数学 B から数学 C に移動、等々。
【2012 年度以降】　数学 A に「整数の性質」が新設、数学 A に（かつて中学数学に主にあった）「作図」と「空間図形」が加わる、数学 A にあった「二項定理」が数学

II に移動、数学 C にあった「確率分布」と「統計処理」が数学 B に移動、「複素数平面」が数学 III に復活、数学 C は廃止となり、それに伴って「（主に 2 行 2 列の）行列」は廃止、等々。

【2022 年度以降】　数学 C が復活、「複素数平面」が数学 III から数学 C に移動、「整数の性質」が数学 A から新科目「数学と人間の活動」に移動、「ベクトル」が数学 B から数学 C に移動、等々。

　このような珍現象が繰り返されれば、大学入試という狭い観点からでなく、数学の学びという広い観点からも問題です。日本を代表する数学者の高木貞治（1875-1960）が、「数学を片々に切り離してはいけない。異なる部分の思わぬ接触からこそ進歩が生ずるのである」という言葉を残しているように、数学をバラバラに学ぶと、多分野にまたがる応用が学び難くなります。参考になる例を挙げると、一見バラバラに見える鶴亀算、植木算、仕事算という算数文章問題は、中学校で学ぶ 1 次方程式では同じ視点から解けます。また、2、3、5、7、11……などの素数は、現在の暗号理論に深く応用されています。

　高校数学の学習指導要領が数学 I、数学 II、数学 III、数学 A、数学 B、数学 C というアラカルト方式であることを歯痒く思っていた私は 2010 年に、戦後の高校

数学として扱われたすべての事項を一本の大河のように
まとめた書『新体系・高校数学の教科書（上下）』を
刊行しました。その後、『新体系・中学数学の教科書
（上下）』、『新体系・大学数学入門の教科書（上下）』（す
べて講談社ブルーバックス）も刊し、それら6冊の全体
においても「使う性質は、以前に説明したものに限る」
というポリシーを順守しました。ちなみに、読者層は
中高年の方々が中心であることからも、学び直しの書
として定着した感があります。興味のある方はご一読
ください。

　また、2010年代に高校数学Bで BASIC 言語による
計算機の指導がありました。しかし、多くの学校では
無視して行いませんでした。それは仕方のないこと
で、外国語を学ぶような BASIC 言語と数学の教育は
違います。そして実は最近の学習指導要領では、統計
に関する学びが算数や数学の指導要領に大きく入って
きました。統計の学び方では、厳密な解説をしようと
すると大学数学になるような道具を、いろいろ使いこ
なすことを主目的にした面があって、計算機と数学の
学び方の中間的なものだと言えます。
　ちなみに、統計の重要な道具である正規分布とか分
散共分散行列というものに関しては、拙著『新体系・
大学数学入門の教科書（上下）』で丁寧な説明をしまし
た。そのように道具の使い方を学ぶことを主目的とす

る統計を、算数や中学数学や高校数学に大きく入れる
ことには、若干疑問をもっています。もちろん、「統
計」という教科を設けて、そこでしっかり学ばせるこ
とには賛成します。

第2章　数学が好きになるとき

1節　好きこそものの上手なれ

　それではつぎに、人はどういうときに「数学好き」になるのかを考えていきましょう。2章から7章まで、数学や算数、数字の面白さを感じられるような問題をいろいろと紹介しますので、解きながら読んでみてください。

　スポーツや芸術を含むあらゆる学びにおいて、「好きこそものの上手なれ」ということわざは成り立つでしょう。嫌いであったら、前向きになることもなければ、長続きすることもありません。私は大学教員として人生のうち45年を過ごし、その間に、専任と非常勤を合わせて10の大学で1万5千人以上の大学生（文系・理系が半々）に数学関係の授業をして、それとは別に約200の小中高校でも1万5千人以上の生徒に出前授業をしてきました。そして、コロナで3年間近く中断していた出前授業を2022年末から再開し、2023年度は高等学校で探求学習や数学の授業を担当しています。それらの経験から、とくに数学の学びにおいては、「好きこそものの上手なれ」ということわざこそ大切であると痛感しています。

そこで思うことは、およそ「計算が速い」とか「数学の成績が良い」などは、数学を好きになることとはあまり関係がないということです。数学を好きになる要点は、「定理や公式の証明」や「面白い応用例」を初めて自分のものとして理解したときです。そのときの感激から数学を好きになることが普通なのです。もっとも、そのような理解のきっかけとして、数学の先生の人柄を気に入って、ということもあるでしょう。

　本章ではまず数学に対する興味・関心を高める話題例として、2節ではあみだくじの仕組み方、3節では座標の意味、4節では列車速度を時計ひとつで当てる方法、5節ではナンバーズ4宝くじから見る人間の意識、をそれぞれ述べましょう。

　なお、3章は「「仕組み」から興味をもつ」、4章は「「図形」から興味をもつ」、5章は「「変化」から興味をもつ」、6章は「「データや確率」から興味をもつ」という題ですが、本章の2節から5節までの例は、それぞれ順に3章から6章までに含めることができる内容です。

2節　あみだくじの仕組み方

　最初に、下図のあみだくじの原形に何本かの横線（横棒）を書き入れて、

　　A → 3、B → 5、C → 1、D → 6、E → 4、F → 2

となるあみだくじを作ってみましょう。

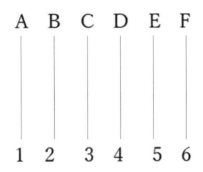

　やっていただくとわかると思いますが、ただやみくもに線を引いてもなかなかうまくいきません。しかし、これから説明する方法を使えば、つなげたいようにつなぐことのできるあみだくじがすぐに完成します。お教えしましょう。

　まず、図1のように無地の紙の上段に、間隔を空けてAからFまでを書きます。そして、それらのずっと下の方に、1から6までを書きます。

A B C D E F

1 2 3 4 5 6

図1

　次に図2のように、AからFそれぞれについて、辿
り着かせたい数字まで線を引きます。線は曲がっても
よいですが、線同士の交点はなるべく離れるように描
きます。

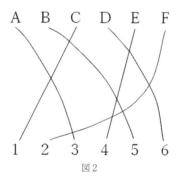

図2

次に図３のように、各交点の近くを消しゴムで消し、そこに英語のＨのような線を描き入れて、下からア、イ、ウ、エ、オ、カ、キ、クと名付けます。

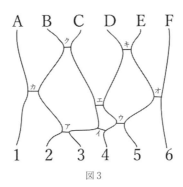

図３

　次に図３と対応するように、図４を作ります。

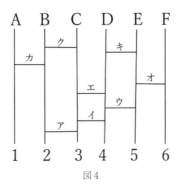

図４

とくに、ア、イ、ウ、エ、オ、カ、キ、クの上下関係と、縦の線との関係に注意しましょう。

　そうすると、思いのままにつなげるあみだくじを作ることができます。これは私の30年間近くに渡る出前授業でもとくに多くの子ども達から喜ばれる題材です。なにかの際にはぜひ「仕組んで」お友だちを驚かせてみてください。

　ところで、次の2つのあみだくじをご覧ください。どちらも辿り着く先は同じです（左図は図4と本質的に同じあみだくじです）。しかし、左図の横線（横棒）の本数は8本、右図の横線（横棒）の本数は10本です。実はこのように、辿り着く先が全部一致するあみだくじ同士は、横線（横棒）の本数が偶数か奇数かは一致する性質があります。

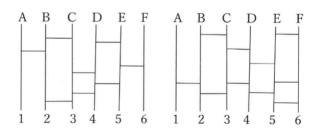

　この性質については専門的に述べると、「偶置換・奇置換の一意性」というものから直ちに導かれるもので

す。しかし、その一意性（唯一通りに定まる性質）の証明はあまり簡単ではありません。古くは、わざわざ多項式を持ち出して証明していました。その後、多項式を用いない証明が出来ました（W. I. Miller、1971年）。そして私は、あみだくじの方法による証明を日本数学会誌『数学』（58巻、2006年）に載せました。それら3種類の証明については、拙著『離散数学入門』（講談社ブルーバックス）に載せてあるので、さらに興味・関心のある読者は眺めていただければ幸いです。

3節　座標の意味

　子どもの頃、次のような遊びをしたことはないでしょうか。

　「片方の目に手をあてて僕の方を見て。僕は指を立てて君の方にゆっくり近づけるよ。そして、わりと近づいたところで指を止めるね。その僕の指を目がけて、真横からまっすぐに自分の指がぶつかるように動かしてごらん。両目で見ていたら絶対にぶつかるけど、片目だとたぶんぶつからないよ」

　上で述べた遊びには、重要な概念が隠れています。異なる2つの位置（方向）から物体を見ることにより、物体の正確な位置関係をつかむことができるのです。
　さらに、2つの方向から見る場合でも、それらは直角の関係の方がより的確に位置関係をつかむことができます（次の2つの図を参照）。下の図の方がより正確に位置をつかむことができるのです。

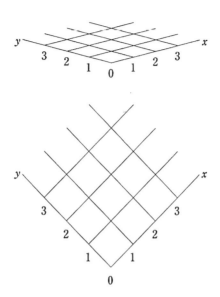

　そこで思い出すのは、xy 座標平面です。これは、フランスの数学者デカルト（1596-1650）が軍隊生活をしているとき、天井をはっているハエをベッドの上で見つめていて思い付いたそうです。

　現在、私達はごく普通にグラフを用いて考えています。たとえば、関数

$$y = x^2$$

は次のページの図のように描いて、視覚的に捉えられます。

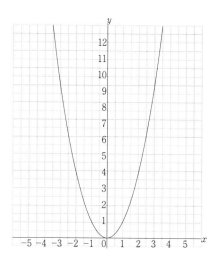

　もし人類が座標平面を思い付いていなかったとすると、上の関数は視覚的には捉えられません。

$$x=1 のとき \quad y=1$$
$$x=2 のとき \quad y=4$$
$$x=3 のとき \quad y=9$$
$$x=0 のとき \quad y=0 \cdots\cdots$$
$$x=-1 のとき y=1$$
$$x=-2 のとき y=4$$
$$x=-3 のとき y=9 \cdots\cdots$$

　上記のような計算だけで、関数の全体を捉えることは困難でしょう。この事実を見ても分かるように、座

標平面の発想はとても優れているのであり、これを日常の生活でも十分に活用したいものです。その楽しい応用例を一つ挙げておきましょう。

　よく見掛けるゲームセンターでは、UFO キャッチャー（クレーンゲーム）は必ず置かれています。私は子どもの頃から大好きで、よく遊んだものです。最近は難易度が少し高くなったようで、操作パネルに⇒と⇑があって、最初は⇒でクレーンを右に動かして、次に⇑でクレーンを前方に動かして終りです。

　ここでアドバイスを一つ述べると、⇒と⇑を動かすとき xy 座標平面の考え方を応用します。x 軸方向の⇒の操作時は台に向かって正面から見ますが、y 軸方向の⇑の操作時は正面から見るのでなく、台の横から見るのが良い方法です。ここが要点で、横から見ることによって、クレーンが前に進むときの距離感が正確につかめるからです。

4節　列車速度を時計ひとつで当てる方法

　在来線の長距離列車に乗っているとき、隣に座っている人とお喋りしたい場合もあるでしょう。乗車している列車速度を腕時計一つで測る方法をお教えしますので、そのようなときの話題の一つとしてください。

　日本の在来線の線路は一部の例外箇所を除いて、基本は1本が25mです。そこで、1秒間に1回「ガタン・ゴトン」という音を聞いたとすると、1分間に60回聞いたことになり、その間に列車は

$$25\,\text{m} \times 60 = 1500\,\text{m}$$

進むことになります。すなわち分速1.5kmで、この速さを時速に直すと、時速90kmになります。

　冬の北海道の鉄道では、雪が降り続く峠を「カタン・コトン」というやわらかい音を立てて列車はゆっくり進むことがあります。もし、2秒間に1回、そのような音を聞くときは、列車は時速45kmぐらいで進んでいるのです。

5節　ナンバーズ4宝くじから見る人間の意識

　一般に人間は、くじ引きや宝くじの公平性には厳しい目を向ける傾向があるものの、自分自身がもっている偏りのある意識や癖にまでは目を向けないようです。4桁の数字を当てるナンバーズ4宝くじを通しても、以下のように人間のいくつかの癖が分かります。

　ナンバーズ4宝くじは1枚200円で購入することができ、4桁の当選番号を当てた者全員で賞金を等しく分けます。したがって、当てた者の人数が多ければ賞金額は少なくなり、当てた者の人数が少なければ賞金額は多くなります。ちなみに、全購入代金の45%を賞金に当てることになっています。

　1996年9月2日の「くじの日」に、私はフジテレビの朝の生番組に出演してナンバーズ4宝くじについて話しました。また同年12月3日に出版された女性週刊誌『女性自身』（光文社）でも、同じ内容を述べました。どちらも私に対しての依頼の段階では、「当たりそうな数字を是非紹介してほしい」というものでしたが、私の回答は「当たりそうな数字はありません。ただ、特徴のある4桁の数字が当選番号になると、その賞金額は高くなります」というものでした。そこで述べた以下の内容は、今もって成り立つようです。

　当時、当選番号の4桁の数字と賞金額を調べた結果、0から9までの4つの数字を順番まで含めて当て

る「ストレート」に関して、賞金額が理論値

$$200（円）\times 10\times 10\times 10\times 10\times 0.45 = 90（万円）$$

よりかなり離れている場合が少なくないことに注目しました。ちなみに、上式左辺の「×0.45」は、「購入代金の45％を賞金に当てる」という意味です。

　たとえば2月19日を4桁にして表す「0219」のような、日にちに関係する4桁の数字が当選番号になると、賞金額は一般に低い傾向があります。反対に9697とか8775のように、重複のある数字を含んで5以上の数字だけで構成される4桁の数字が当選番号になると、賞金額は一般に高い傾向があります。

　誰でも、自分の誕生日などの記念日を表す4桁の数字を予想し、それが当選数字になればうれしいでしょう。実はそのことが、予想数字が0、1、2、3、4に多く偏っていることにも繋がっていると考えた次第です。

　さらに、ナンバーズ4宝くじばかりでなく、様々な場面で使う4桁の暗証番号についても、同じ傾向があることを予想しました。金融機関では、再三に渡って「自分の誕生日などの記念日を表す数字を暗証番号に使わないように」という注意を促しています。

　多くの人達を対象とする講演会で、「なんでも構わないので4桁の数字を想像してください。先頭が0で

も構いません」と伝えた後で、「0、1、2、3、4の方を多く使っている人達、5、6、7、8、9の方を多く使っている人達、0、1、2、3、4の方と5、6、7、8、9の方をそれぞれ2個ずつ使っている人達、その3つのグループに分けて挙手してもらいます」と伝えて挙手してもらうと、0、1、2、3、4の方を多く使っている人達は、5、6、7、8、9の方を多く使っている人達よりはっきり多いことが分かり、会場の皆様も驚きの声を上げることがしばしばです。

　次に、一般に7071や2622のような重複のある数字はあまり出ないと思う人達が多いようですが、それは意外にも少なくありません。実際、各位の数字が全部異なる4桁の数字の個数を求めると、1番目の数字aは0〜9まで何でもよく、2番目の数字bはa以外の数字ならば何でもよく、3番目の数字cはa、b以外ならば何でもよく、4番目の数字dはa、b、c以外ならば何でもよいのです。したがって、重複のない4桁の数字［abcd］は、

$$10 \times 9 \times 8 \times 7 = 5040（個）$$

になります。4桁の数字は全部で10000個あるので、5040を引いて、重複のある4桁の数字は全部で4960個あるわけです。これは、10000個の約半分です。

　しかし、他人に「なんでも構わないので4桁の数字を想像してください。先頭が0でも構いません」と伝

えて答えてもらうと、4桁の数字が全部異なる回答の方が、重複のある4桁の数字の回答と比べて、かなり多くあるのが普通です。

　以上述べたような背景もあって、9697とか8775のように、重複のある数字を含んで5以上の数字だけで構成される4桁の数字が当選番号になると、賞金額は一般に高い傾向になります。

　このように、3章以降も数学の面白い仕組みがあらわれた問題をご紹介していきます。「なぜそうなるんだろう」と疑問を持ちながら読み進めていただければと思います。

第3章 「仕組み」から興味をもつ

1節 誕生日を当てる?!

　3章では誕生日やお買い物など、日常的な数字を題材にした問題を考えてみましょう。

　200校を超す全国の小中高校への出前授業のなかでも、とくに多くの生徒から喜んでもらった話題のベスト3は、「じゃんけんデータからの有利な勝利方法」(6章参照)、「あみだくじの仕組み方」(2章参照)、そして「誕生日当てクイズ」です。

　その背景をいろいろ考える前に、とりあえず、どのようなものかを説明しましょう。誕生日当てクイズは昔からいくつもありますが、本節で紹介するものは、1990年代後半に私の暗算能力にマッチして作ったものです。

＊

【質問】　生まれた日を10倍して、それに生まれた月を加えて下さい。その結果を2倍したものに生まれた月を加えると、いくつになりますか。

＊

　生まれた月を x、生まれた日を y とすると、この質問では

$$(10 \times y + x) \times 2 + x = 3x + 20y \ \cdots①$$

を尋ねています。そして、以下のように考えると、質問の回答から誕生日の月と日が"素早く"見付かります。もちろん、素早く見つけるようになるためには、それなりに練習が必要で、素早く見付けることによって回答者の感激は大きくなります。

　まず、答えの①を 20 で割った余りを考えます。20 で割った余りとは、次々と 20 を引いていって、これ以上引けなくなったときの残った数です。たとえば、

$$87 \div 20 = 4 \ 余 \ 7$$

ですが、これは次のように考えることができます。

$$87 - 20 = 67 \ （1 回目）$$
$$67 - 20 = 47 \ （2 回目）$$
$$47 - 20 = 27 \ （3 回目）$$
$$27 - 20 = 7 \ \ （4 回目）$$

（これ以上引けなくなったときの残った数が 7）

　そのように、①を 20 で割った余りを考えると、$20y$ は途中で消えるので、それは結局、$3x$ を 20 で割った余りになります。この余りを調べると、次の表を得ます。

x（月）	1	2	3	4	5	6	7	8	9	10	11	12
$3x$	3	6	9	12	15	18	21	24	27	30	33	36
①を20で割った余り	3	6	9	12	15	18	1	4	7	10	13	16

　表の最下段の数字はすべて異なるので、それぞれに対応する上段の数字を見れば、x が求まるのです。そして x が求まれば、①を使えば y も求まります。誕生日を当てる側の者は、上述の一連の作業を速やかに計算します。誰でも、最初のうちはゆっくりですが、徐々に早くしていけばよいでしょう。以下、2つの例を挙げましょう。

＊

【解答例1】　質問に対する答えが 418 のときは、

$$418 \div 20 = 20 \text{ 余り } 18$$

なので、表の最下段にある「18」に注目して $x=6$、すなわち 6 月生まれが導かれます。そして、

$$3 \times 6 + 20y = 418$$
$$20y = 400$$

と計算して $y=20$、すなわち 20 日生まれが導かれます。

＊

【解答例2】 質問に対する答えが536のときは、

$$536 \div 20 = 26 \text{ 余り } 16$$

なので、表の最下段の「16」に注目して $x = 12$、すなわち12月生まれが導かれます。そして、

$$3 \times 12 + 20y = 536$$
$$20y = 500$$

と計算して $y = 25$、すなわち25日生まれが導かれます。

＊

なお、表は覚えなくても、仕組みの理解をしておけば、速やかに「月」、そして「日」を当てられます。もちろん、クイズの解答者が"計算間違い"をすると、質問者は誕生日を当てることはできません（このようなことはたまに起こるので、再度計算していただけるように、笑顔で対応するとよいでしょう）。

この「誕生日当てクイズ」が男女2人だけの語らいでも、小中学生や高校生を相手にした多人数の講演会場でも、「なぜ盛り上がるのか」ということを考えると、次のことが思い付きます。

一つは、皆が声を出して気軽に参加できること。普通、数学の小話は"聞くだけ"になりがちですが、誰もが自然に参加できることはうれしいのでしょう。小

学校での出前授業では、クラスの生徒全員が手を挙げて「ハイ、ハイ、ハイ」と言って、各自の回答を述べたい気持ちを表します。このときの皆の表情は生き生きしていて、とてもうれしく思います。

　そしてもう一つは、「月」と「日」の2つを当てることを考えると、普通は、2元1次連立方程式、すなわち2つの式が必要だと連想するでしょう。それが、たった1つの式で「月」と「日」を当てることから、ごく自然に、「どうしてわかるの？」という数学として最も大切な興味・関心を抱くことになるからだと思います。

2節　仲間はずれを見つけ出せ！

　方程式の計算問題のように、「やり方」を暗記してその通りに行うものとは違って、いわゆる「試行錯誤」の問題は、本当は大切です。新たなものを発見したり開発したりするとき、最初は試行錯誤から入るからです。

　かつてNHKテレビで、「プロジェクトX」というドキュメンタリー番組があって（2000年3月28日〜2005年12月28日）、数多くの試行錯誤を経て成功に辿り着くまでの記録を映し出したものでした。とくに、失敗に次ぐ失敗があっても諦めずに試行錯誤を重ねる精神を見せた点が、戦後日本の成功の秘訣を示したと考えます。

　本節で紹介する「13個のオモリの問題」は、まさに試行錯誤の問題で、粘り強くいろいろ試す力を付ける良問でしょう。

*

【問題】　外見が同一のオモリが13個あり、そのうちの1つだけ他と重さが違うとする。そのオモリを「異常」と呼ぶことにして、その他12個のオモリは「正常」と呼ぶことにする。なお異常なオモリは、正常なオモリと比べて軽いか重いかは分かっていない。天秤を3回使って、異常なオモリを決定する方法を述べよ。

*

【解答例】（最初は４個と４個で比較しなくては解決しない）まず全部のオモリ13個を、４個のオモリの集合Ｓと、４個のオモリの集合Ｔと、その他の５個のオモリの集合Ｕに分けます。そして最初は、ＳとＴで比べます。

●１回目に釣り合った場合

ＳとＴの集合のオモリは正常なオモリとなり、Ｕの中に異常なオモリがあります。正常と分かったオモリ３個とＵの３個のオモリで、２回目を比べます。

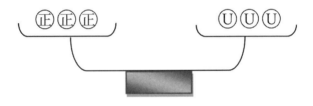

これで天秤がどちらかに傾けば、たとえばＵの３個が上に（下に）動けば、そのＵの３個に軽い（重い）ものがあるので、あと１回で異常なオモリを決定できます。３回目は、その３個のうちの２個を天秤の左右に分けて載せればよいです。

２回目も釣り合えば、最後の１回は、正常な１個とＵの他の２個のうちの１個を比べればよいです。

●1回目に釣り合わなかった場合

　Sの4個が上がって、Tの4個が下がったとします（なお、Sの4個が下がって、Tの4個が上がった場合は、同様な議論をSとTを反対にして行えばよいので省略します）。この段階で、Uのオモリはすべて正常です。また、Sに軽いオモリがあるか、Tに重いオモリがあるか、そのどちらかが成り立ちます。

　2回目は、天秤の左にSから3個とTから1個のオモリを乗せ、天秤の右にはSから1個とUから正常な3個のオモリを乗せます。

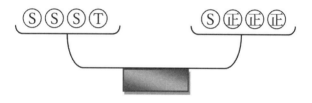

　さらに以下、（ア）、（イ）、（ウ）に分けて考えます。

（ア）左が上がって右が下がる場合

　左に乗せたSからの3個のオモリに軽いものがあるので、あと1回で異常なオモリを決定できます。3回目は、その3個のうちの2個を天秤の左右に分けて載せればよいです。

（イ）釣り合った場合

　２回目に乗せなかった T のオモリ３個のどれかに重いものがあるので、あと１回で異常なオモリを決定できます。３回目は、その３個のうちの２個を天秤の左右に分けて載せればよいです。

（ウ）左が下がって右が上がる場合

　この状況では、２回目に左に乗せた T の１個のオモリか、右に乗せた S の１個のオモリが異常になるので、あと１回で異常なオモリを決定できます。３回目は、正常な１個と２回目に左に乗せた T の１個を比べればよいです。

　これで解答は終わりです。

＊

　参考までに、この問題は次の定理のように一般化することができますが、証明は複雑になります（拙著の『離散数学入門』を参照）。

　定理　n を自然数とし、外見が同一のオモリが

$$\frac{3^{n+1}-1}{2}$$

個ある。そのうちの１つだけ他と重さが違うとし、そ

れは他と比べて軽いか重いかは分かっていない。このとき、天秤を $n+1$ 回使ってそのオモリを決定することができる。

　以上のようになります。

3節　団子と草餅のお買い物

　何らかの「こと」が成立すると仮定して推論を積み重ねていき、ある段階で矛盾が出ると、その「こと」は成立しないということになります。凶悪事件に関する警察の捜査が進んでA氏が容疑者として浮上したものの、犯行時刻にA氏は遠く離れた場所にいたことが証明されると、アリバイが成立して「A氏は犯人でない」という結論が導かれるようなことです。

　そのように矛盾を導く論法は、一般に「背理法」と言われます。一例として以下の小話を紹介しましょう。

　ボクシング元世界チャンピオンの輪島功一さんが創業した「だんごの輪島」は私が住む国分寺市にあります。そのお店に買い物に行って思い付いたことです（団子と草餅の金額は実際とは違います）。

　お兄ちゃんと妹は、ある日お母さんから「今日はお家でパーティーがあるから、1個60円の団子と1個90円の草餅を適当にまぜて、だいたい1500円〜2000円ぐらいのお買い物をしてきてちょうだい。千円札2枚を渡すからお釣りをもらってきてね」と頼まれて、二人は買い物に行きました。

　二人はお店でそれぞれ10個を買ったので、合計代金は

$$60 \times 10 + 90 \times 10$$
$$= 600 + 900 = 1500 \text{ (円)}$$

となって、お釣りの500円を受け取りました。

　ところが、お兄ちゃんは悪い心を起こして妹に、「お母さんは算数が苦手だから、合計が1700円だったとして、300円を返そうよ。そしてコンビニで1本100円のアイスキャンディーを2本買って、二人で1本ずつ食べちゃおうよ」と言いました。妹は悪いと思ったものの、お兄ちゃんの話に喜んで、「うん、そうしようね」と返事をして、アイスキャンディーを食べちゃいました。

　二人は家に帰ってきて、「合計で1700円だったよ。はい、お釣り」と言って、袋に入った団子と草餅と"お釣り"の300円をお母さんに渡しました。するとお母さんは、袋の中身も見ないで即座に、「お兄ちゃん！正直なことを言いなさい」と怒りました。なぜ怒ったのでしょうか。

　その理由は、団子と草餅と"お釣り"はどれも30円の倍数です。そこで、それらの合計金額は30円の倍数です。一方で、最初に渡したお金2000円は30円の倍数ではありません。したがって、"お釣り"が300円だとすると矛盾です。そこで、お母さんは怒ったのです。

お兄ちゃんは、「バレた！」と思って、直ちにお母さんに「ごめんなさい。お釣りでアイスキャンディー２本を買って、二人で１本ずつ食べちゃいました」と謝りました。するとお母さんは、「もちろん許しますよ。アイスキャンディー美味しかった？　お使いありがとう」と言って、ニコニコ顔で許したのです。

4節　マークシート問題の裏技は論理的には正しい

　数学の定理で「三平方の定理（ピタゴラスの定理）」を聞いたことはあるでしょう。これは、直角三角形ABC において（下図参照）、

$$a^2 + b^2 = c^2$$

が成り立つことです。

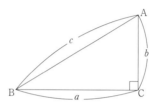

　大切なことは、「どんな直角三角形に対しても 100% 成り立つ」ということです。だからこそ、数学は誰からも信頼されているのです。世界のどんな独裁者からも数学の定理が批判されないのは、それゆえです。
　参考までに、数学には「ゴールドバッハの予想」という未解決問題があります。これは、

$$6 = 3+3$$
$$8 = 3+5$$
$$10 = 5+5 = 3+7$$
$$12 = 5+7$$

$$14 = 7+7 = 3+11$$
$$\vdots$$

というように、「6以上の偶数は2つの奇素数（奇数の素数）の和で（必ず）表される」というものです。この予想は、万、億、兆、そして京が付く単位の偶数まで計算機によって確かめられていますが、一般に成り立つことは証明されていません。

　このように数学では、一般に証明されていない性質（予想）は使えません。これが統計との違いです。統計ならば、「〜という傾向がある」ということが示せれば、「統計学の結果として〜という性質があるので、……」という説明ができます。

　以上からご理解いただけたかと思いますが、数学では「証明」が命です。すなわち、数字などの客観的なものを用いて厳密に説明することが大切なのです。したがって数学の試験では、本当は全文記述式の問題がよいのです。答えを当てるマークシート式の数学問題は、本当は受験生が膨大な人数のときに仕方なく行うものです。

　余談ですが、IT分野で世界的に活躍しているCEOを何人も輩出しているインド工科大学（IIT）の2000年の入試数学問題は、16題全問が証明問題でした。し

かし、受験生数が約80万人で合格者数が1.6万人という競争率50倍の試験であり、採点に関しても膨大な枚数になるゆえ、2007年からの入試ではマークシート式になりました。これは仕方なくそうなったと考えますが、実にユニークなマークシート式です。たとえば、選択肢が4つあって、1つだけが正解とは限りません。簡単な例で説明すると、「2/3」が正解の場合、4つの中に「正の数」と「整数でない」があれば、その2つを挙げないと×になります。さらに、間違った選択肢にマークすると、減点されます。そこで、自信のない問題では、解答欄に何も書かないで0点になる方がよいのです。これは日本の試験で、「分からなければ、とりあえず3番目にマークしておくと統計的に有利」という日本固有の定説が通用しなくなります。

　上で述べたように、私はマークシート式の数学問題に関しては基本的に反対の立場です。その一方で、「マークシート問題の裏技は論理的には正しい」という考えももっています。それを以下、説明しましょう。

　まず、数学マークシート問題の裏技は大きく分けると2つあるので、それぞれを例題で示します。

＊

【例題1】
　（この問題はマークシート形式で、□ には1つの数字が入る設定です）

$xyz=1$ ならば、

$$\frac{2x}{xy+x+1} + \frac{2y}{yz+y+1} + \frac{2z}{zx+z+1} = \square \quad \cdots \quad (*)$$

　正直に解くならば、$xyz=1$ という仮定を使って、（＊）の左辺の文字計算をコツコツ行っていって、最後の答え $\square = 2$ を導きます（この部分は省略）。

　ところが、次のような裏技による解法があります。

$$x = y = z = 1$$

という特殊な場合は、仮定 $xyz=1$ を満たします。その場合は、（＊）の左辺の 3 つの項はどれも、分子が 2、分母が 3 になります。そこで $x=y=z=1$ の場合、

$$左辺 = \frac{2}{3} + \frac{2}{3} + \frac{2}{3} = 2$$

となるので、$\square = 2$ が導かれます。

＊

　もちろん、この方法で最後の答え $\square = 2$ を得ても、記述式問題ならば 0 点の答案です。なぜならば、「$xyz=1$ という条件を満たすすべての場合について $\square$ が 2 になる」ということは示していないからです。

　ところが、マークシート形式の問題ならば、答えだけで採点するので満点になるばかりか、この裏技による解法は論理的に "正しい" のです。なぜならば、こ

の問題では、$xyz=1$ を満たす x、y、z のすべての組に対して、（＊）の左辺を計算すると、答えはたった１つの値である □ になることを問題で謳（うた）っています。だからこそ、$xyz=1$ を満たす組の一つである $x=y=z=1$ の場合に □ に入る数字が分かれば、それは問題の最終的な答えになるのです。

次の問題は、実際に某県の教員採用試験で出題された問題です。

＊

【例題2】 次の図において、四角形 ABCD と DEFG は、どちらも２つの辺の長さが１と２の長方形で、点 G は辺 AD の中点である。いま長方形 DEFG を固定して、点 D を中心として長方形 ABCD を右にゆっくり回転させ、長方形 DEFG と重なったところで止める。このとき長方形 DEFG において、線分 AD が回転して通った部分と重ならない斜線部分の面積が解答群の中にあるので、それを選択せよ。なお、π は円周率である。

解答群：（ア） $\dfrac{6-\pi+\sqrt{3}}{3}$ 　　　（イ） $\dfrac{6-2\pi+\sqrt{3}}{3}$

　　　（ウ） $\dfrac{12-\pi-3\sqrt{3}}{3}$ 　　（エ） $\dfrac{12-2\pi-3\sqrt{3}}{6}$

　　　（オ） $\dfrac{12-2\pi+3\sqrt{3}}{6}$

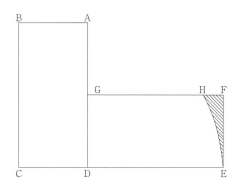

　裏技による解答を述べましょう。まず、長方形 ABCD や FGDE の面積は 2 です。そこで、斜線部分の面積は 0.5 よりだいぶ小さいように見えます。いま、

$$\pi \fallingdotseq 3.1, \qquad \sqrt{3} \fallingdotseq 1.7$$

という近似値を（ア）、（イ）、（ウ）、（エ）、（オ）それぞれに代入してみると、（ア）、（ウ）、（オ）は 0.5 より大きく、（イ）はほぼ 0.5 であることが分かります。したがって、答は（エ）となるのです。

＊

　ちなみに、この例題の記述式による正しい解答を述べましょう。直角三角形 GDH において、線分 GD と線分 HD の長さはそれぞれ 1 と 2 なので、角 GDH は 60° となります（直角三角形 GDH は小学生が使う三角定

規と同じ形)。それゆえ、角 HDE は 30° であることが分かります。そこで、三角形 GDH と扇形 HDE の面積が以下のように求まります。

$$三角形 GDH の面積 = 1 \times \sqrt{3} \div 2 = \frac{\sqrt{3}}{2}$$

$$扇形 HDE の面積 = 2 \times 2 \times \pi \times \frac{30}{360} = \frac{\pi}{3}$$

したがって、長方形 FGDE の面積は 2 なので、

$$求める部分の面積 = 2 - \frac{\pi}{3} - \frac{\sqrt{3}}{2} = \frac{12 - 2\pi - 3\sqrt{3}}{6}$$
$$= （エ）$$

が導かれます。

数学マークシート問題の裏技は他にもありますが、いずれにしても、論理的に正しく正解を導けるのです。だからこそ、この種の裏技は余計に厄介なものだと考えます。

5節 1枚の差で永遠に完成しないゲーム

　誰にでも、ことわざの「三つ子の魂百まで」を思い出すような子どもの頃の思い出がいくつかあるのではないでしょうか。私は小学校での修学旅行のある日、友人と一緒に 15 ゲームを宿で行っていました。今でもあるゲームですが、15 枚の小チップ①, ②, ③, …, ⑮を 4×4 の枡目にばらばらに入れて、空白を利用して小チップを 1 つずつ動かして、下図に示した基本形に移すゲームです。なお、スタートは右下を空白にした形とします。

1	2	3	4
5	6	7	8
9	10	11	12
13	14	15	

基本形

　当時、私は「基本形における最終行の 14 と 15 だけが入れ替わった形になると絶対に完成しない」ということを経験的に悟っていました。しかし、「なぜその

図からは完成しないのか」ということが分からなく、それが不思議でたまらなかったのです。

修学旅行で友人と一緒に15ゲームを行っていたとき、14と15だけが入れ替わった形になっていました。たまたま私が水を飲みに行って帰って来ると、友人は「できた！」と言いました。私は「どうやってできたの？」と聞いても、「適当に動かしていたらできちゃったんだ」と答えるばかりでした。「ひょっとして、14と15を持ち上げて取り替えたんじゃないの？」と尋ねると、「僕がそんなことするはずがないよ」と答えたのです。そして、そのときの懐かしくて悔しい気持ちをずっと持ち続けて、いつか「15ゲームは半分（?）しか完成しないで、14と15だけが入れ替わった形は完成しない」という内容を含む解説書を書いてみたい、という夢を抱いたのです。

その夢をずっと持ち続け、実現したのは50年後の2015年で、『群論入門』（講談社ブルーバックス）を刊行したときです。さらに、たまに更新しているホームページ「数学ベル」には、ネット上で遊ぶ「15ゲーム（スライドパズル）」を載せています。それは完成するものだけになっていて、もちろん無料ですのでぜひやってみてください。

「15ゲームで完成するものと完成しないものは半分半分」ということを説明した書は数多くありますが、

その書に載せた証明は分かりやすさの点ではそれなり
に自信があります。それでも、本書で紹介するにはレ
ベルがやや高くなります。そこで以下では、完成する
15 ゲームと完成しない 15 ゲームの見分け方を紹介し
て、本章を終わりにします。

1	2	3	4
6	7	8	5
10	9	11	12
13	14	15	

（ア）

1	6	3	4
5	2	7	8
10	9	12	11
13	14	15	

（イ）

　先に例を紹介すると、（ア）は完成しますが、（イ）
は完成しません。（ア）を基本形に戻すためには、基本
形において次の移動ができることが必要です。5（の
小チップ）を 6（の小チップ）がある場所へ、6 を 7 があ
る場所へ、7 を 8 がある場所へ、8 を 5 がある場所へ、
9 を 10 がある場所へ、10 を 9 がある場所へ、その他は
それ自身がある場所へ、それぞれ移すことです。
　この移動を図 1 のように、上段の 5、6、7、8、9、10
は下段の 6、7、8、5、10、9 にそれぞれ辿り着いて、

その他はそれ自身がある場所に辿り着くあみだくじに
して表します（第2章2節を参照）。そして、図では横
線の本数が偶数本（図では4本）であることに注目し
ます。

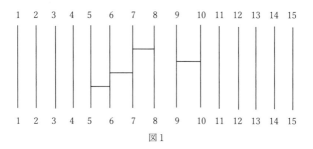

図1

　同様にして、（イ）を基本形に戻すためには、基本形
において次の移動ができることが必要です。2を6が
ある場所へ、6を2がある場所へ、9を10がある場所
へ、10を9がある場所へ、11を12がある場所へ、12
を11がある場所へ、その他はそれ自身がある場所に
辿り着くあみだくじにして表します（2章2節を参照）。
そして、図2では横線の本数が奇数本（図では9本）で
あることに注目します。

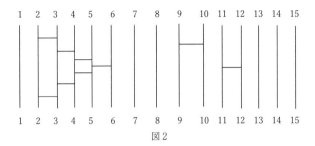

図2

　右下を空白にした15ゲームのスタート図を基本形に戻せるか否かは、基本形におけるその移動を図1、2のようにあみだくじで表したとき、横線の本数が偶数であるか奇数であるかによって定まるのです。

第4章　「図形」から興味をもつ

1節　校長先生が全校生徒の前で披露した名刺手品

　4章は「図形」のお話をしていこうと思います。苦手に感じている方も多い分野ですが、少しずつ読み進めていけば必ずわかる問題ばかりです。ぜひ楽しんでくださいね。

　かつて、子ども向けの拙著『ふしぎな数のおはなし』（絵本、数研出版）で「名刺手品」を紹介したことから、出前授業に何回か訪れた静岡市立清水有度第一小学校の校長先生（当時）は、朝礼でそれを生徒全員に面白く紹介されたことを思い出します。「やり方を覚える前にまず試行錯誤を」という考えを実践された素晴らしい校長先生でした。4章はこの「名刺手品」の話からはじめましょう。

　経済学で、財やサービスに関する需要と供給が一致する価格を「均衡価格」といいます。要するに、その価格に落ち着くことになり、数学的には「不動点」という幾何学的な捉え方ができます。
　この不動点は他にもいろいろな世界で見られ、1990年代には、同一地域を示す縮尺の異なる2枚の地図を

重ねると、同一地点を示すただ1つの点のみが2枚の地図で重なっているという不動点を紹介していました。参考までに下図は、同一地域を表す2枚の地図QとRに関して、Sという地点だけがQとRで重なっていることを示しています。

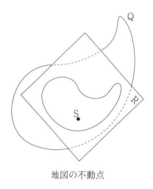

地図の不動点

　もっとも、その証明には「縮小写像」という概念を用いることから、中学生や高校生にはきちんと証明できないマイナス面があったのです。そこで2000年頃からは、本節で紹介する「名刺手品の不動点」を主に用いて説明しています。後述するように、これは中学数学の図形の知識でも説明できるので、とくに好奇心旺盛な生徒諸君には喜んでもらいました。

　用意するものは同じ大きさの2枚の名刺です。ちな

みに先ほど紹介した校長先生は、同じ大きさの2枚の折り紙（正方形）で説明されていました。図のように2枚の名刺を用意し、四隅を出すように重ねます。そして、長い辺と長い辺、短い辺と短い辺、それぞれの対応する辺どうしの4つの交点をP、Q、R、Sとします。そして、PとR、QとSを直線で結び、それらの交点をTとします。

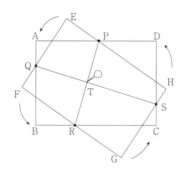

　次に、点Tに画鋲のように先端が尖っているものを下の名刺まで刺して、ゆっくり上の名刺を回すと、2枚の名刺はぴったり重なります。Tは「不動点」と呼ばれる点で、上の図ではそれ以外に同じ性質をもつ点はありません。以下その理由を、中学数学で習う図形の知識を用いて証明しましょう。難しいと思われる読者は、証明部分は適当に読み飛ばしていただいて構いません。

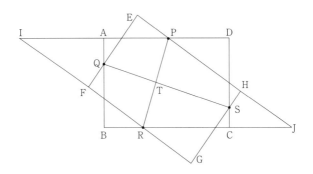

　上図のように、直線 AD と FG の交点を I、直線 BC と EH の交点を J とします。さらに次の図のように、P から直線 IR へ垂線を引き、その足（交点）を K とし、R から直線 IP へ垂線を引き、その足（交点）を L とします。

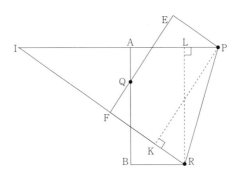

　図において、直角三角形 IPK と IRL は 2 組の角が

等しいので相似です。さらに、四角形 ABCD と四角形 EFGH は同じ大きさの長方形なので、

$$PK = EF = AB = RL$$

が成り立ちます。したがって、直角三角形 IPK と IRL は合同になります（1組の辺とその両端の角がそれぞれ等しい）。よって、

$$IP = IR$$

となります。

ところが図において、四角形 PIRJ は平行四辺形です。それゆえ、四角形 PIRJ は 4 つの辺の長さが等しくなって、ひし形となります。そこで、

$$\angle IPR = \angle IRP = \angle JPR = \angle JRP \ \cdots ①$$

が成り立ちます。

同様にして、直線 BA と GH の交点を M、直線 FE と CD の交点を N とすると、次の図における四角形 QMSN はひし形になります。それゆえ、

$$\angle MQS = \angle MSQ = \angle NQS = \angle NSQ \ \cdots ②$$

も成り立ちます。

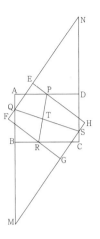

次に、点 T から直線 AD、EH、AB、EF へ垂線を引き、それぞれの足を W、X、Y、Z とします。

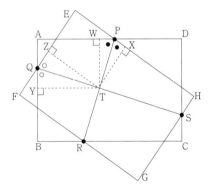

この図において、①と②から

$$\angle \mathrm{WPT} = \angle \mathrm{XPT}$$
$$\angle \mathrm{ZQT} = \angle \mathrm{YQT}$$

となるから、直角三角形の合同条件を用いて、

$$\triangle \mathrm{PWT} \equiv \triangle \mathrm{PXT}（合同）$$
$$\triangle \mathrm{QZT} \equiv \triangle \mathrm{QYT}（合同）$$

が成り立ちます。よって、

$$\mathrm{TW} = \mathrm{TX} \cdots③$$
$$\mathrm{TY} = \mathrm{TZ} \cdots④$$

が導かれたのです。

　ここで長方形 ABCD を固定して、長方形 EFGH を、T を中心にして時計の針と反対向きにゆっくり回すと、辺 AD と辺 EH が平行で、辺 AB と辺 EF が平行になるときがきます。そのとき、③より直線 AD と直線 EH は重なり、④より直線 AB と直線 EF は重なります。これが意味することは、長方形 EFGH を回転させた図形は、長方形 ABCD とぴったり重なることなのです。

　なお最初の図における不動点は、上で述べてきた点 T ただ 1 つです。なぜならば不動点は、点 A と点 E から等距離にあるので線分 AE の垂直 2 等分線上にあり、また点 B と点 F から等距離にあるので線分 BF の

垂直2等分線上にあります。したがって不動点は、それら2つの垂直2等分線の交点となるので、点Tとその交点は一致しなくてはならないです。

　脱線しますが最後にこの「名刺手品」に関する思い出話をさせてください。2006年9月21日と22日の両日に渡って、北海道立浜頓別高校に手弁当で訪れました。21日には、学校側として2、3コマの授業を用意していただいていましたが、「せっかく来たので、たくさんの生徒に授業をしたい」という "我儘" を受け入れてもらって、ほとんどの生徒に1回は授業をしたように思い出します。

　その我儘も叶って実現した理系進学コースの3年生対象の授業では、本節で述べた名刺手品とその証明について丁寧に説明しました。その授業後に、ハプニングが起こったのです。ある生徒が証明に感激して興奮を止められなくなってしまい、先生方が生徒を冷静にさせるために一苦労したのです。それほど証明に感激してもらったことを思い出すと、未だに感無量です。

　浜頓別高校近くにあるクッチャロ湖に沈む夕陽は、それまでの人生でもっとも美しく見えた夕陽でした。通学に使う朝のバスに乗り遅れると、午前中の授業は受けられなくなって午後からの授業になるというくらいバスの本数も少ない高校でしたが、現在の生徒諸君も元気に通学していることを期待します。

名刺手品は、学校で生徒に紹介するだけでなく、い
ろいろな人と人の出会いなどで、一緒に楽しむと面白
いものだと思います。別に証明は学ばなくても、「面
白い！　不思議ですね」と思うだけでも素晴らしいで
しょう。

2節　富士見町から富士山は見えるのか

　東京都の立川市、八王子市、東村山市、板橋区などには「富士見町」という町名があります。現在では多くのビルが立ち並んでいることもあって、そのような町で富士山を見ることは容易ではないでしょう。しかし、もし空気の澄んだ晴天の日にそれらの町で遠望が効く場所に立った場合、本当に富士山は見えるのかを考えてみましょう。

　まず、地球はおよそ半径 6400 km の球体をしています。次の図において、A は地上 h km の地点、B は A から見渡せる最も遠い地上の点、O は地球の中心、円 O は三角形 ABO を含む平面上の円として考えてみましょう。

　図において、三角形 ABO は角 ABO が直角の直角三角形です。そこで、三平方（ピタゴラス）の定理を用いると、

$$\overline{AB}^2 + \overline{BO}^2 = \overline{AO}^2$$

という式が成り立ちます。

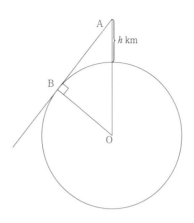

上式に、

$$\overline{\mathrm{BO}} = 6400 \ (\mathrm{km})$$
$$\overline{\mathrm{AO}} = (6400 + h) \ (\mathrm{km})$$

を代入すると、

$$\overline{\mathrm{AB}}^2 = (6400 + h)^2 - 6400^2$$
$$\overline{\mathrm{AB}}^2 = 6400^2 + 12800h + h^2 - 6400^2$$
$$\overline{\mathrm{AB}} = \sqrt{12800h + h^2} \ \cdots \ (*)$$

を得ます。ここで、たとえば富士山の高さ 3776 m に近い $h = 3.8 \ (\mathrm{km})$ のときを考えると、

$$\overline{AB} = \sqrt{12800 \times 3.8 + (3.8)^2}$$
$$= \sqrt{48654.44} = 220.58 \ (\text{km})$$

となります。

　富士山頂から東京都心までの距離は 100 km ぐらいなので、冒頭に挙げた「富士見町」からは富士山が余裕をもって見えることになります。なお上記のように、h が相対的に十分小さい数字である場合は、（＊）における h^2 は無視して計算しても構わないのです。

　また、上で述べた文において、h は他の数でも構いません。そこで、飛行機の視界を計算してみましょう。一般の旅客機は燃費等の関係から高度 4 万フィート（約 12 km）付近で飛行することが普通なので、$h=12$ として上と同じ計算をしてみます。（＊）の h に 12 を代入して計算すると、

$$\overline{AB} = \sqrt{153744} \fallingdotseq 392 \ (\text{km})$$

を得ます。

　もちろん、高層ビルの最上階に位置するようなレストランからの視界などにも応用できるので、食事をしながらの会話にも使えるでしょう。

　それから他にも、2 つの山の山頂同士が互いに見渡せる関係であることを確かめることなどもできます。

たとえば、奈良県の修験道として有名な大峰山（1719m）と富士山の頂点同士からの視界を計算してみると、晴れた日には伊勢湾越しに互いに見渡せることが分かります。ちなみにこの例は、2015年に刊行した拙著に書いたことですが、それを思い付いたときにはとてもうれしい思いがしました。

3節　別れでは残される人の方が寂しい数学的証明

　私は昔から「別れていく人より残された人の方が寂しい」と常々思っています。とくに1年のうちで3月が一番嫌いな月で、4月が一番好きな月でした。理由は、3月は卒業式などで別れが多く、反対に4月は入学式などで新たな出会いが多いからです。ただし2023年3月に桜美林大学を定年退職し、45年間に渡る大学教員生活に終りを告げたときは、70歳からの新たな人生が始まるという気持ちが強く、それほど寂しさはなかったものです。

　映画などで、別れていく人は一本道を真っ直ぐにゆっくりと歩いていくとき、残された人は立ち止まってずっと相手の姿を見届けているシーンがあります。そのとき、残された人は急に寂しさがこみ上げてきますが、そのわけを図形の視点から考えてみましょう。

　次の図では、女性は少し離れたところに立つ男性を長い物差しを通して見ています。女性は腕をまっ直ぐ伸ばして、物差しを地面と垂直方向に立てて持っている図です。

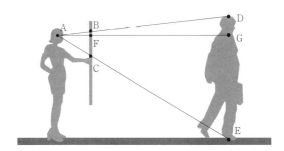

　このとき、女性の目の位置を A、男性の頭上の位置
と靴の位置をそれぞれ D、E、女性が物差し上で見る
男性の頭上の位置と靴の位置をそれぞれ B、C とし、
A を通る男性への水平な直線と物差し、男性との交点
をそれぞれ F、G とすると、下図のようになります。

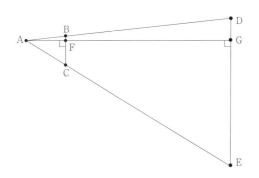

BC∥DE（∥ は平行の意味）であるから、三角形 ABC
と三角形 ADE は相似です。そこで、

$$BC : DE = AC : AE \quad \cdots ①$$

が成り立ちます。また、三角形 AFC と三角形 AGE
も相似であるから、

$$AF : AG = AC : AE \quad \cdots ②$$

も成り立ちます。よって①と②より、

$$BC : DE = AF : AG$$

が導かれます。上式で外項の積は内項の積に等しいの
で、

$$BC \times AG = DE \times AF$$

$$BC = \frac{DE \times AF}{AG}$$

を得ます。上式で、DE は男性の身長で、AF は女性の
目と物差しの間の距離なので、それらは定数です。し
たがって、女性が物差し上で見る男性の身長 BC は、
女性から男性までの距離に反比例することが分かった
のです。具体的に、

$$AF = 50\,\text{cm}, \quad DE = 175\,\text{cm},$$
$$AG = 12.5\,\text{m} = 1250\,\text{cm}$$

のときは、

$$BC = 175 \times 50 \div 1250 = 7 \quad (\text{cm})$$

となります。

　わずか 12.5 m 離れただけで女性から見る男性の身長は 7 cm になってしまうので、残された女性にとっては寂しい気持ちが一気に高まるでしょう。

4節　1000 ml の紙パックは本当に 1000 ml 入って
　　　いるのか

　図形に関しては直感と実際にズレがあることがよく
あります。本節では、そのような例を 2 つ紹介しまし
ょう。

　最初は、1 辺が 1 m の立方体の体積が 1 m³ です。

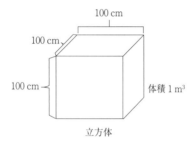

立方体

　ここで問題です。水 1 m³ の重さは、次の 3 つのう
ちのどれになるでしょうか。
　（ア）10 kg　　（イ）100 kg　　（ウ）1t（1000 kg）

　（イ）を選択する人が多いようですが、正しいのは
（ウ）です。その訳を説明しましょう。1 m³ は 1 辺が
1 cm の立方体が 100×100×100（個）入るので、

$$1\,\text{m}^3 = 1000000\,\text{cm}^3$$

となります。また、気温が4℃、気圧が1気圧（標準気圧）のもとで1 cm³の水は1 g（グラム）の重さです。そこで、水1 m³は水1000000 cm³となるので、その重さは

$$1000000\,\mathrm{g} = 1000\,\mathrm{kg} = 1\,\mathrm{t}$$

になるのです。「トン」というイメージから来る重さを想像すると、やはり不思議なことでしょう。

　次は、スーパーで売っている1000 ml入りと書いてあるドリンクの紙パックについてです。1000 mlなので、容積が1000 cm³であるはずです。ところが、その紙パックを観察して周りを測ってみると、下図に書き込んだような測定値になります（近似値）。

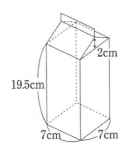

　その紙パックにおいて、高さ2 cmの三角形より下の部分にある立体図形を直方体と見なして、その体積

を計算してみると、

$$7 \times 7 \times 19.5 = 955.5 \ (\text{cm}^3) < 1000 \ (\text{cm}^3)$$

となります。そこで疑問に思って、新品の紙パックの上部を静かに破ってみると、高さ 2 cm の三角形より下の部分にしかドリンクは入っていません。その段階で普通は、「もしかして 1000 ml のドリンクは、紙パックの容器には入っていないのではないか」と想像するでしょう。

　ところが、計量器で紙パック内のドリンクの量を測ってみると、1000 ml が入っています。結論は、ドリンクが入った紙パックは、上図のように横に少し膨らんでいることが確認できます。その膨らんでいる部分が、すべての謎を解決するのです。

　ちなみに、かつて、学校教育で「総合的な学習の時間」が 2000 年に導入されたことに合わせて、「日本総合学習学会」が設立されました。今は活動が止まりましたが、当初は私も参加しました。京都大学で開催さ

れた学会の 2000 年の講演の中で、上で述べた話題も紹介されました。

　最初の図で紹介した各寸法は、私自身が物差しを使って測ったものであって、製造業者に確認したものではありません。そして、2002 年に出版した絵本『ふしぎな数のおはなし』（数研出版）にも、その測定結果をそのまま書きました。すると困ったことにその後、全国各地の小・中・高校の出前授業や教員研修会に訪れると、すでに 7 cm、7 cm、19.5 cm という各寸法が "公式のデータ" であるかのように独り歩きしていました。

　ですから、ある教員研修会の後の懇親会で、生徒が測った別の寸法による説明を聞かせてもらったときは、ほっとしました。生きた題材による楽しい学びにおいては、生徒各自がデータをとって、堂々と発表する姿勢をもつことが大切なのです。どこかで聞いた数値だからそのまま使うという姿勢はあまり数学的とはいえませんね。

5節　だまされやすい円の回転数問題

　本節では、だまされやすい円の回転数の問題を紹介しましょう。4節に引き続いて、直感と実際にズレがあるものです。用意するものは同じ大きさの円2個で、具体的に同じ大きさのコイン2個を用意してもよいでしょう。

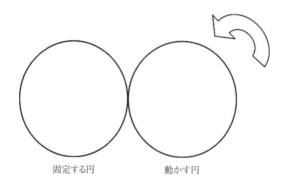

固定する円　　　　　　　動かす円

　図のように、固定してある円の周りを動かす円がすべることなく1周すると、動かす円は何回転するでしょうか。この問題は簡単そうで間違いやすい問題です。以下の説明を見る前に、ちょっと自分としての答えを出してください。

　ここから、上の問題の答えを説明しましょう。答えは1回転でなく2回転です。まず、図1のように動か

す円の中心をOとして、固定した円と接する部分を
Aとして、∠AOBが直角となる点Bをとります。点
DはOに関してBと対称な点で、点CはOに関して
Aと対称な点です。

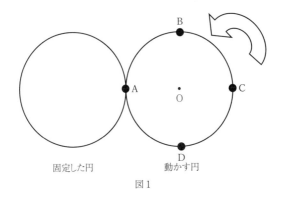

固定した円　　　　　動かす円

図1

　次に、動かす円を時計の針と反対方向に、固定した
円の周りをすべらないように回転させていきます。す
ると、図2、図3、図4、図5という順に動きます。た
だし、図5は図1と同じです。よって、円Oは2回転
したことが分かります。

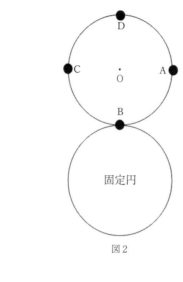

D

C · O A

B

固定円

図 2

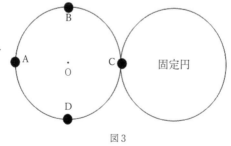

B

A · O C 固定円

D

図 3

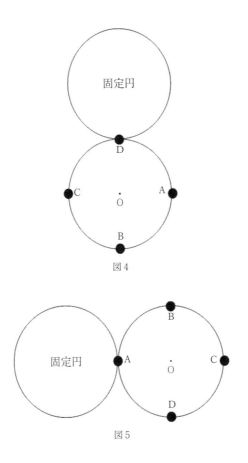

固定円

D

C ・O A

B

図4

固定円

A

B

・O C

D

図5

この問題は、かつて日本数学検定協会の３級２次で出題されたもので、一躍有名になった問題です。日本数学検定協会「Math Math」創刊２号での説明のほか、いろいろなものがありますが、私が大学生や高校生に解説してみたところ、上の説明が一番分かりやすいそうです。

6節　円を詰め込む問題

　つぎに、これもまただまされやすい円の詰め込み問題を紹介しましょう。4節、5節に引き続いて、直感と実際にズレがあるものです。

　下図のように、縦4cm、横1000cmの長方形に直径2cmの円を敷き詰めると、どの円もガタガタすることなくぴったり納まります。上段、下段にはそれぞれ500個の円が納まっているので、合計して1000個の円が収まっています。この長方形の中に、直径2cmの円を重なることなくもっと多く収めることは可能でしょうか。

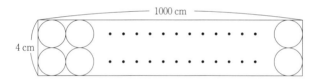

　次の図のように円を敷き詰めることを考えてみましょう。図では、円A、円B、円Cという3つの円と、円D、円E、円Fという3つの円が交互にくり返しながら左から詰めて並べられています。

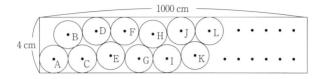

　そして下図のように、点Eから線分CGに垂線を引き、その足をMとします。三角形DEFは1辺の長さが2cmの正三角形なので、その高さは$\sqrt{3}$cmです。

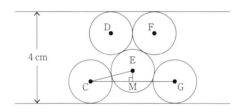

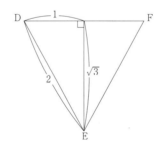

したがって、

$$\overline{\text{ME}} = 長方形の高さ$$
$$-辺 DF と長方形の上の辺との距離$$
$$-辺 CG と長方形の下の辺との距離$$
$$-三角形 DEF の高さ$$
$$= 4-1-1-\sqrt{3} = 2-\sqrt{3}\ (\text{cm})$$

となります。さらに CE＝2 cm なので、三平方の定理（ピタゴラスの定理）を用いて、

$$\overline{\text{CE}}^2 = \overline{\text{CM}}^2 + \overline{\text{ME}}^2$$
$$\overline{\text{CM}}^2 = 4-(2-\sqrt{3})^2 = 4\sqrt{3}-3$$
$$\overline{\text{CM}} = \sqrt{(4\sqrt{3}-3)}\quad (\text{cm})$$

となります。よって、

$$\overline{\text{AG}} = \overline{\text{AC}}+\overline{\text{CG}} = \overline{\text{AC}}+2\overline{\text{CM}}$$
$$= 2+2\sqrt{(4\sqrt{3}-3)}\ (\text{cm})$$

を得ます。上式右辺を具体的に計算すると、5.964 cm 以下になります。

　以上から、円 A、円 B、円 C、円 D、円 E、円 F、円 G、円 H、円 I、円 J、円 K、円 L、……の順に左から敷き詰めていくとき、1003 番目の円から 1005 番目の円

がどのようになっているかを考えてみましょう（下図において X、Y、Z は、A、B、C……というアルファベットの 24 番目、25 番目、26 番目という意味ではありません）。

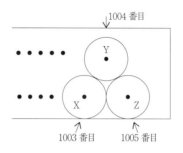

$$167 \times 6 = 1002$$

なので、

$$\overline{AX} = 167 \times \overline{AG} < 167 \times 5.964 = 995.988$$

となります。A から長方形の左の辺までの距離が 1 cm なので、円 Y も円 Z も長方形の右に収まり、さらに円 Z と長方形の右の辺の間にわずかなすき間もできます。

　したがって、いま述べてきた方法で、1005 個の円が長方形に収まるのです。

第5章　「変化」から興味をもつ

1節　打ち上げ花火は近い？　遠い？

　5章では花火や組体操など、数が増えたり減ったりする場合を考えてみましょう。数が変化するものは扱いづらそうと感じるかもしれませんが、その分の面白さもありますよ。

　人生を思うと、目立たなくても地道に生きていけばよいと考える人もいれば、花火のように一瞬でも美しく輝けばよいと考える人もいます。花火を見る人の中には、後者のタイプの人も少なくないでしょう。花火はそのように、多くの人達に夢を与える面があります。それだけではなく年配の方々からすると、「昔、子どもの頃、親に連れられて花火大会にはよく行ったな。今の花火を見ていると、あのときを懐かしく思い出して、盆踊りが目に浮かぶよ」と、昔を振り返ることもあるでしょう。

　コロナの関係で花火大会はしばらくお休みになりましたが、2023年から再開し始めたところも多くあって、うれしい気持ちになります。

　私は、東京の隅田川花火大会や立川昭和記念公園花火大会は何度も見たことがありますが、秋田県の大曲

花火大会、新潟県の長岡花火大会、長野県の諏訪湖花火大会、滋賀県の琵琶湖花火大会、山口県と福岡県の関門海峡花火大会、などはまだ見たことがなく、いつか見たいと思っています。とくに、大曲花火大会は何度も出前授業に訪れた地区であるだけに、当時を思い出して行きたいです。

昔、隅田川花火大会の会場近くの隅田公園で、早くから場所を確保して見学したことがあります。そのとき、頭の上から花火の芯が落ちてきて、ゆっくりビールを飲む暇が無かったことを思い出します。それ以来、少し離れた高層ビルのレストランの窓側の席を予約して見学しましたが、冷房の入ったところから花火を見るより、汗をかきながら少し離れた戸外から見ることが自分にはマッチしていると悟りました。

さて、遠くの花火が光ってから「ドン」という音を聞くまで6秒かかったとしましょう。その場合、自分の位置から花火までの距離は約2kmということが、以下のようにして分かります。

それは、音の速さは秒速約340mで、光の速さは秒速約30万kmなので、光の速さは無視できるものの、音の速さは無視できません。それゆえ、

$$自分の位置から花火までの距離 = 340 \times 6$$
$$= 2040 \ (m)$$

が分かります。

　それだけのことですが、これを知っていると、家族や友人と一緒に花火を見るときの話題に花を添えることになるでしょう。

　算数の授業で、「太郎君と花子さんは1個340円の弁当を6個買います。いくら用意すればよいでしょうか」という掛け算を学ぶならば、ご当地の花火大会の話題を用いて

$$340 \times 6 = 2040$$

を学ぶ方が、ワクワク感があってずっと良いでしょう。

2節　組体操の負荷は 100 kg?!

　かつての東京オリンピックや高校野球の甲子園大会などでは、根性を前面に出した精神論が幅を利かせていたときがあったと振り返ります。その後、科学的トレーニングやデータ野球などが取り上げられるようになると、「根性」も大切だが「数字」も大切だというように変化してきたように感じます。

　私は「火事場の馬鹿力」というものはあると思います。しかし同時に、「データによる説明」は重視すべきだと考えます。2016 年頃、運動会などでの組み体操の事故がいろいろ明るみになり、問題になりました。
　その頃の世論は大きく 2 つのものがありました。「組体操によって根性を鍛えることが大切で、根性がないから事故が起こる」、「事故が起こっているという事実に目を向けて、組体操は中止すべきである」、それら 2 つの意見が平行線を辿るように続いていました。そこで私は、以下のようにモデル化して組体操の危険性を新聞等で訴え始めました。

たとえば15人で構成する5段のピラミッドは、次のようになっているとします。

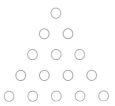

　15人のどの生徒の体重も32kgとして、またどの生徒も自分の左下と右下の生徒に均等に重さを掛けるとすると、上から2段目以下の人達は上からどのくらいの体重が掛かるかを考えてみましょう。図において、2段目以下の各人は、左上の人からの重さと右上の人からの重さの和が掛かります。また各人は、自分に掛かっている重さに自分の体重32kgを加えた和の半分の重さを、左下と右下の人にそれぞれ均等に掛けることになります。

　そのようにして計算していくと、2段目以下の人達が掛かる重さ（kg）は次のページのようになります。最下段の真ん中の人に掛かる重さはなんと100kgとなり、相当重くなることが分かるでしょう。

$$0$$

$$16 \quad 16$$

$$24 \quad 48 \quad 24$$

$$28 \quad 68 \quad 68 \quad 28$$

$$30 \quad 80 \quad 100 \quad 80 \quad 30$$

ちなみに、次のように計算しています。

3段目の左の人に掛かる重さ
= (2段目の左の人に掛かっている重さ ＋2段
目の左の人の体重)÷2
= (16＋32)÷2 = 24

4段目の左から2番目の人に掛かる重さ
= (3段目の左の人に掛かっている重さ ＋3段
目の左の人の体重)÷2
＋(3段目の真ん中の人に掛かっている重さ
＋3段目の真ん中の人の体重)÷2
= (24＋32)÷2＋(48＋32)÷2 = 28＋40 = 68

　最下段の真ん中の人に掛かる重さが100 kgという
数字を見れば、やはり組み体操を見直すことの必要性
は理解できるでしょう。精神論から見直しに消極的な
人に対しては、事故が起こった事実を説明する他に、
このように数字を用いた説明を加えると、考え方を改
めてもらえるのではないでしょうか。

もっとも、いくら数字を用いて説明しても、その説明を全く聞こうとしない人がいます。これは本当に残念でなりません。

3節　違法なヤミ金融が怖いわけ

　覚せい剤に手を染めると、なかなか抜け出せなくなって、身をほろぼすことはよく知られています。実はギャンブル、とくに違法なギャンブルも似たような面があります。

　覚せい剤を購入したり、ギャンブルにつぎ込むお金を用意したりするために、貯金をすべて使い、消費者金融から限度額いっぱいのお金を借りて、最後にヤミ金融にも手を出すことになった人達が1990年前後に目立ったことがあります。それは、ヤミ金融の厳しい取り立てに遭って自殺した人達のニュースをしばしば見聞きしたからです。

　違法なヤミ金融の世界でよく聞く「トイチ」金融は、10日間ごとに1割の利息が複利でかかるものです。その意味から説明すると、10000円をトイチで借りて長期間にわたって1円も返さないとすると、10日後の元利合計は11000円、20日後の元利合計は12100円、30日後の元利合計は13310円、……というように、10日間ごとに1.1を次々と掛けていくことになります。そして、たった1円をトイチで借りて、10年間全く返済しなかった場合、元利合計はなんと1000兆円をも超えてしまうことが以下のようにして分かります。

　1年を365日とすると、10年は3650日です。たったの1円をトイチで10年間借りっぱなしにすると、

10 年後の元利合計は、

$$1 \times (1.1)^{365} \ (円)$$

となります。ここで $(1.1)^{365}$ は、365 個の 1.1 を掛け合わせた［1.1 の 365 乗］です。これが 1000 兆を超えるのです。最近の電卓ならば、この計算は瞬時にできますが、電卓にも組み込まれている対数 log を用いた説明をしましょう。対数を初めて学ぶ方は、非常に大きい数を取り扱うのに便利な道具である対数の雰囲気に、少しでも触れていただければうれしく思います。

ちなみに、

$$2^3 = 8, \qquad 10^2 = 100$$

を、それぞれ対数を用いて表現すると、

$$\log_2 8 = 3, \qquad \log_{10} 100 = 2$$

となります。

そして、10 の約 0.04139 乗が 1.1 なので（対数表参照）、

$$\log_{10} 1.1 = 0.04139 \cdots (*)$$

が成り立ちます。そこで、

$$x = (1.1)^{365}$$

とおくと、対数に関する公式と（＊）を用いて、

$$\log_{10} x = \log_{10} (1.1)^{365} = 365(\log_{10} 1.1)$$
$$= 365 \times 0.04139 = 15.10735$$

が成り立ちます。そこで、

$$x = 10^{15.10735} > 10^{15} = 1000 \text{ 兆（円）}$$

を得るのです。

　私は 1990 年代に、違法なトイチ金融が多くの自殺者を出す原因の一つであると考えて、トイチ金融が目立った新宿歌舞伎町を管轄にする新宿警察の保安課に訪ね、上で述べたことを説明してトイチ金融の問題点を訴えたことがあります。そのとき、数式を交えた訴えを丁寧に聞いていただいた保安課の皆様には今もって感謝の気持ちでいっぱいです。もっとも、「新宿警察署で数学の話をした最初で最後の人間だよ」と同僚から笑われて、少し恥ずかしいことをしてしまった、と反省しました。

4節　物理の公式が当てはまらないネコの落下

　運転免許証を取得するときや免許を更新するとき、車間距離を十分にとることを指導されます。その都度思うことは、人間の感覚は速度に対して直線的であって、放物線的なものには付いて行けないのではないか、ということです。実際、速度 v（m/s）で走っている自動車が、危険を察知してブレーキを掛けてから停止するまでに走る制動距離 l（m）は、v^2 に比例するのです（m はメートル、s は秒）。

　上で述べた制動距離以外にも、2乗に比例する現象は、理科の世界にはいろいろあります。よく知られているように、真空の世界で物体を静かに落とすと、t 秒後の速さは

$$9.8 \times t \ \text{（m/s）}$$

になり、その間の落下距離は

$$4.9 \times t^2 \ \text{（m）}$$

になります。

　上の2つの式を使うことにより、以下のことが分かります。地上250 m から物体を静かに落とすと、地面に衝突するときの物体の速さは秒速約70 m、すなわち時速約252 km になります。それは、

$$4.9 \times t^2 = 250 \ \text{(m)}$$
$$t \fallingdotseq 7.14 \ \text{(s)}$$
$$9.8 \times 7.14 \fallingdotseq 70 \ \text{(m/s)}$$

を得るからで、その速さは

$$0.07 \times 60 \times 60 = 252 \ \text{(km/h)}$$

となります（h は時間）。

　時速 252 km で地面に衝突することをたとえると、走行している新幹線の速さで地面に衝突するようなもので、人間ならば即死でしょう。ところがネコに関しては、公式を用いた結果と実際との差が大きくなって、話は全く異なります。

　アメリカでネコが、1994 年にビルの 50 階（地上約 250 m）から誤って落ちて助かったり、1998 年に竜巻に巻き込まれて 6 km 先に無事着地したりした記録もあるほどです。ネコは相当高い所から落ちた場合、空気抵抗を最大限に利用して落下速度が一定以上大きくならないようにします。そして、地面に落下するまでの時間内にベストの態勢をとるのです。

　上の議論は、物体の落下に関して人間ならば無視してもよい空気抵抗を、少なくともネコに関しては、それを加味した計算式が必要であることを意味しています。

実は、雨粒の落下も似ている面があります。もし雨粒が、上の議論で出てきた時速 252 km の速さで傘にぶつかるならば、恐らく傘に穴が開いてしまうでしょう。実際、夕立のように強い雨でも秒速 10 m、すなわち時速 36 km ぐらいの速さのようです。また、相当小さい霧雨だと、秒速 1 m ぐらいの速さのようです。

　物理を少し学ぶと、物体が空気抵抗によって受ける力は速度に比例することを知ります。それゆえ、雨粒ばかりでなく落下するネコも一定以上の速さにはならないのであり、とくにネコは時速 252 km よりはるかに遅い速さで地面にぶつかるような態勢をとることができるのです。ネコのすごいところは、そのような態勢をとることは教えられたのではなく、生まれながらにして身に付けていることです。

　皆様はテレビなどで、宇宙飛行士の宇宙遊泳の姿を見たことがあるでしょう。これは、ネコが高い所から落ちるときの態勢の変化を参考にして編み出されたものなのです。一概に「人間はネコより優れている」とは言えないでしょう。ある面では人間の方が優れていて、ある面ではネコの方が優れているだけなのです。

第6章 「データや確率」から興味をもつ

1節 じゃんけんデータからの有利な勝利方法

　IT が発達した現代において、データというのは最重要分野のひとつになっているといえるでしょう。本書ではその入り口として、じゃんけんやジニ係数を題材に、データや確率を扱う、シンプルだけれど奥深い問題を紹介していきます。

　大学入試の数学問題において、コインの表裏の確率はどちらも 1/2 であること、サイコロの各目の確率はどれも 1/6 であること、これらは暗黙の了解として仮定に含まれています。実際そのようなことを、わざわざ仮定として書いてある入試問題はあまり見たことがありません。

　それでは、じゃんけんのグー、チョキ、パーの確率をそれぞれ 1/3 とする仮定は、必要ないのでしょうか。この件に関しては、東京理科大学勤務時代に、大学院理学研究科ゼミナール生と一緒に、1990 年代の大学入試における「じゃんけんの確率問題」について、10 年間の受験雑誌掲載分を用いて調べたことがあります。

　その結果は、問題文の仮定に「グー、チョキ、パー

はそれぞれ確率 1/3 で出すとする」という但し書きの有無は、ほぼ半分半分でした。もちろん、その仮定の扱いが原因でトラブルに発展したことは、おそらく過去一度もないと思います。しかし、大学入試問題の性格を考えるのであれば、じゃんけんの問題では一応、その文言を仮定として入れておいた方が無難であると考えています。以下、その理由となるデータを紹介しましょう。

　私が大切に保存しているノートの一つに、1990 年代後半に城西大学数学科 4 年ゼミナール生 10 人が集めたじゃんけんデータをまとめたものがあります。
　725 人の各々が 10〜20 回のじゃんけんをして得たものです。のべ 11567 回のじゃんけんデータの内訳は、グーが 4054 回、チョキが 3664 回、パーが 3849 回でした。したがって、一般に人間はグーが多くチョキが少ないので、じゃんけんでは一般にパーが有利という結論が得られます。

　また、そのノートにある「前後 2 回続けた場合」はのべ 10833 回で、そのうち同じ手を続けて出した回数は 2465 回でした。ここで、「2 回続けた」の意味を説明しましょう。順に、

　グー、グー、チョキ、パー、パー、パー、グー、

チョキ、グー

と出した場合、2回続けた場合は、1回目と2回目、2回目と3回目、3回目と4回目、4回目と5回目、5回目と6回目、6回目と7回目、7回目と8回目、8回目と9回目です。そして、そのうち同じ手を続けて出したのは、1回目と2回目、4回目と5回目、5回目と6回目です。これに関しては、前後2回続けた場合はのべ8回で、そのうち同じ手を続けて出した回数は3回になります。

　したがって10833回のデータから、人間は同じ手を続ける割合は、癖が無いとしての同じ手を続ける確率の理論値1/3より低く、1/4ぐらい（2465÷10833）しかないのです。ちなみに、癖が無いとしての理論値が1/3という意味は、癖がなければグーを出した次にグーを出す確率は1/3、チョキを出した次にチョキを出す確率は1/3、パーを出した次にパーを出す確率は1/3、という意味です。それゆえ、1/4という数字はかなり小さいのです。要するに人間は、じゃんけんで手を変えたがる癖をもつのです。これから、「2人でじゃんけんをしてあいこになったら、次に自分はその手に負ける手を出すと有利」という結論が得られます。

　上の結果については何冊かの拙著に書いて、またテ

レビでも取り上げられたこともありました。出前授業では、本書でも紹介している「誕生日当てクイズ」と「あみだくじの仕組み方」と並んで、生徒から受ける話題のベスト３の一つです。小学校では上記の内容をやさしくして話し、中学校ではだいたい上記の内容通りに話し、高校では統計数学の検定という視点も交えて話します。

出前授業で「じゃんけんデータからの有利な方法」を話すと、生徒は自宅に帰ってから家族に話したり、友人とじゃんけんをしたりするようで、うれしい限りです。しかし、ここでどうしても述べておきたいことがあります。

それは、あるオンライン記事で上記のじゃんけんデータに関して触れた後に、「でっち上げのデータではないか」という内容のコメントを浴びたのです。それに対して、当時のゼミナール生代表で現在、柴田学園高等学校（青森県）教諭の中村友是さんが、「今度、じゃんけんについて本で書くときは、私の名前も書いて、先生と一切無関係にゼミ生全員で責任をもって集めたデータであると、堂々と書いてください」と言われたのです。

そこで、ここに述べた次第ですが、日頃から統計データは「ありのままの状態であるべき」と訴えている者として、小学生からその精神を育んでもらいたいと

思うだけでなく、政治家の方々にもその気持ちを訴え
たいと思っています。

2節　多人数から公平に1人を素早く選ぶ方法

　5、6人から1人を公平に選ぶならば、全員でじゃんけん、全員であみだくじ、などいろいろな方法があるでしょう。それでは、A、B、C、D、E、F、G、H、I、J、Kの11人から1人を公平に選びたいときはどうでしょうか。あみだくじならば可能であるものの時間が掛かります。じゃんけんを考えると、11は素数ゆえ、いくつかのグループに分けて行うと不公平になるので（均等に分けられない）、全員でじゃんけんを行うしかありません。

　参考までに、東京理科大学在職中の2006年度に、大学院理学研究科理数教育専攻の大学院生に、推移確率行列というものを用いて、多人数でじゃんけんを行う場合、勝者1人を決定するまでの回数期待値を計算させたことがあります。敗者は負けた段階で去り、常に残った勝者全員で同時にじゃんけんをし、最後の勝者一人が決まるまで行われるじゃんけんの回数期待値です。ただし、途中のあいこの回数も数えるものとし、参加者は全員、グー、チョキ、パーを確率1/3で出すものとします。

　その結果、11人全員でじゃんけんを始める場合の回数期待値は約35回にもなりました。これは厳しいです。ちなみに、6人全員でじゃんけんを始める場合の回数期待値は約6回でした。

ところが、コインとサイコロがあれば、直ぐに公平に決められます。

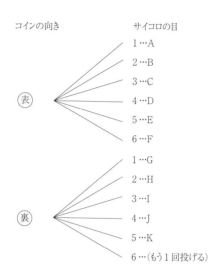

コインの向き　　　　　サイコロの目

（表）
1…A
2…B
3…C
4…D
5…E
6…F

（裏）
1…G
2…H
3…I
4…J
5…K
6…(もう1回投げる)

　図のように対応させてから、コインとサイコロを一緒に投げればよいのです。12通りの場合は同様に確かなので、確率の考え方を用いています。

　コインが裏でサイコロが6となる場合は、もう一回投げることにします。そのようになるのは1/12の確率の事象なので、何回投げてもその事象だけ起こることはあり得ないでしょう。

　この発想を応用すると、コインとサイコロだけ持っ

ていれば、何人から1人を公平に選ぶのも容易である
ことが分かります。たとえば、ここに14人いるとし
ます。その中から1人を公平な方法によって選出した
いとき、コインが1個あれば直ぐに決められます。ま
ず事前に、14人に1番から14番までの番号を付けて
おきます。そして、コインを4回投げるのです。その
結果として考えられるのが、次の16通りです。

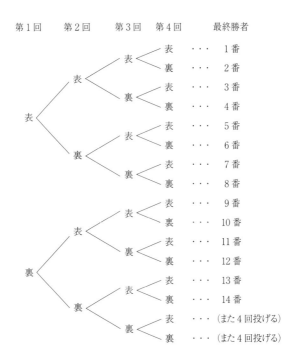

第1回	第2回	第3回	第4回		最終勝者
			表	・・・	1番
		表	裏	・・・	2番
	表		表	・・・	3番
		裏	裏	・・・	4番
表			表	・・・	5番
		表	裏	・・・	6番
	裏		表	・・・	7番
		裏	裏	・・・	8番
			表	・・・	9番
		表	裏	・・・	10番
	表		表	・・・	11番
		裏	裏	・・・	12番
裏			表	・・・	13番
		表	裏	・・・	14番
	裏		表	・・・	(また4回投げる)
		裏	裏	・・・	(また4回投げる)

コインを 4 回投げて、対応する番号の目が出たなら
ば、その番号が付いた人を選べばよいのです。たとえ
ば、

表—表—裏—表

が出たならば、3 番の人に決めるのです。もし、対応
する番号の無い

裏—裏—裏—表　か　裏—裏—裏—裏

が出たならば、もう一度コインを 4 回投げるのです。
コインを 4 回投げる試行を 2 回行って、2 回ともそれ
ら 2 種類の目が出る確率は、

$$\frac{1}{8} \times \frac{1}{8} = \frac{1}{64}$$

となるので、そのようなことはほとんど起こらないで
しょう。
　上で述べた方法を、公平に 1 人を選ぶときに役立て
ていただければ幸いです。確率を理解できていれば、
このようにいろいろなところで応用できるのです。

3節　大学入試では多くの大学を受験するとよい

　大学入学直後の学生さん達と積極的に話してきた者として、入学試験についてもたまに話してきました。その結果、最近の受験生は昔と比べて受験する大学数は明らかに少なくなっていることが肌感としてわかりました。その一方で、合否に関しては「自分の友人は、易しい大学は不合格であったものの、難しい大学一校だけ合格しました」というような情報をしばしば耳にしました。

　大学教員人生のほとんどの年度において「数学の入試」に関わってきた者として、次のような教訓をもっています。受験生にとって、「得意（苦手）とする分野の問題が多く出題されるか否かによって、点数は極端に違う」ということです。その差がみなさんの人生を左右することを忘れてはいけないと、教員として肝に銘じています。

　以上から、受験できるならばなるべく多くの大学を受験するとよい、ということを広く受験生に伝えたいのです。以下、確率計算の具体例の立場からも示しましょう。

　自分が受験する大学の合格確率は 1/3 だとします。その大学だけ受験するならば、サイコロを投げて 1 か 2 の目を出す確率と同じです。もし、難易度が同程度

の大学を4校受験して、それらの大学の少なくとも1校に合格すればよい、と考えたとしましょう。

この事象の確率を求めることは、サイコロを4回投げて、少なくとも1回は1か2の目が出る確率を求めることと同じになります。この計算をするときは、次の計算を先に行うと簡単に求められます。それは、サイコロを4回投げて、4回とも1、2以外の目が出る確率を求めることです。その結果を1（100％）から引けばよいのです。

サイコロを1回投げて、1、2以外の目が出る確率は2/3です。それが4回続く確率を求めると、各回とも1、2以外の目が出る確率は2/3であって、各回の結果は他の回の結果とは無関係です。そこで、次式の成立が分かります。

$$4回とも1、2以外の目が出る確率$$
$$= \frac{2}{3} \times \frac{2}{3} \times \frac{2}{3} \times \frac{2}{3} = \frac{16}{81}$$

したがって、次の結論が導かれます。

$$4回のうち少なくとも1回は1か2の目が出る確率$$
$$= 1 - \frac{16}{81} = \frac{65}{81} \fallingdotseq 0.802$$

上の結論から、合格確率が1/3ぐらいの大学を4校受験すると、それらの大学の少なくとも1校に合格す

る確率は約８割にもなるのです。これは就職試験など、他のものにも同様に応用できることです。同じレベルの大学だから１つ２つだけ受ければいいや、であるとか、ここに落ちるならあそこにも落ちるだろう、とか、そういうふうに考える受験生は多いものですが、確率から考えれば多くの大学や就職先を受験することの重要性がわかるかと思います。

4節　ジニ係数の発想を応用しよう

　格差問題を論じるときによく用いられる「ジニ係数」ですが、注目されるようになったのは、2007年9月に厚生労働省が「2005年のジニ係数が0.5263となり、初めて0.5を超えた」という発表をした頃だったと思います。当時のマスコミは、「ジニ係数が0.5を超えるのは格差がきつくて問題である」という捉え方で説明していましたが、その算出式が示されていなかったので、大多数の国民にとっては"仕組みの分からない結論だけの話"を聞かされた思いだったようです。

　ジニ係数は数式によって定義するものと、ローレンツ曲線というものによって定義するものの2つの方法があります。もちろん、結論の数値は同じです。当時、どちらの方法も同じものになることを活字にして説明していましたが、あまり関心をもってもらえませんでした。それ以降、本節でも紹介するローレンツ曲線による定義だけを紹介してきましたが、それでもあまり受けなかったようです。その原因等をいろいろ考えたところ、私は次の"結論"に至ったのです。

　現在、「格差」の問題は所得格差だけではなく、学力格差や体力格差を始め、あらゆる内容に浸透しています。所得格差に絞っても、経年変化として調べることや、いろいろな地域を比較してみることもあるでしょ

う。ジニ係数は定義が素朴なだけに、実は応用が極め
て広いのです。その点を強調して訴えることによっ
て、ジニ係数に対する興味・関心は一気に高まると考
えます。

　以下、ジニ係数について具体例から説明します。会
社内での給与格差、学校内での学力格差などの調査
に、幅広く応用できることが直ぐに分かるでしょう。

　いま、4人で構成されている仮想のⅠ国を想定して、
その4人の年収を300万円、400万円、500万円、800
万円とします。年収の低い方から1人分の合計年収は
300（万円）で、年収の低い方から2人分の合計年収は

$$300 + 400 = 700 （万円）$$

で、年収の低い方から3人分の合計年収は

$$300 + 400 + 500 = 1200 （万円）$$

で、年収の低い方から4人分の合計年収は

$$300 + 400 + 500 + 800 = 2000 （万円）$$

となります。

　xy 座標平面において、x 座標では人数、y 座標では
上記人数分の合計年収をとることを考えます。したが
ってⅠ国では、次の4つの点をとることになります。
　A$(1, 300)$、B$(2, 300 + 400)$、C$(3, 300 + 400 + 500)$、

D(4, 300＋400＋500＋800)

その結果、次の図1で示されたグラフを得ます。なお、(1,0), (2,0), (3,0), (4,0) をそれぞれ E、F、G、H とします。

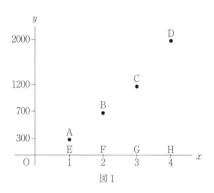

図1

次に、O、A、B、C、D の 5 点を順に折れ線で結び、その折れ線をローレンツ曲線と呼びます。そして、一番右上の点 D と原点および点 H をそれぞれ結びます。その結果が図2です。

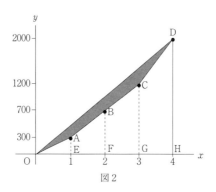

図2

　ジニ係数 g は、O と D を結ぶローレンツ曲線と線分 OD との間の面積を、三角形 DOH の面積で割ったものと定義します。ここでは、それは

　{△DOH の面積−△AOE の面積−台形 AEFB の面積−台形 BFGC の面積−台形CGHD の面積}÷△DOH の面積

となります。これを実際に計算すると、以下のようにして $g=0.2$ を得ます。

$$\{2000 \times 4 \div 2 - 300 \times 1 \div 2 - (300 + 700) \times 1 \div 2$$
$$- (700 + 1200) \times 1 \div 2 - (1200 + 2000) \times 1 \div 2\}$$
$$\div (2000 \times 4 \div 2)$$
$$= (4000 - 150 - 500 - 950 - 1600) \div 4000$$
$$= 800 \div 4000 = 0.2$$

次に、4人で構成されている仮想のII国を想定して、その4人の年収を100万円、100万円、500万円、1300万円とします。この国の状況はI国と比べて、直観的に格差は大きく見えます。II国のジニ係数も同様に求めると、以下のように計算して $g=0.5$ を得ます（図3参照）。

$$\{2000 \times 4 \div 2 - 200 \times 2 \div 2 - (200+700) \times 1 \div 2$$
$$\quad -(700+2000) \times 1 \div 2\}$$
$$\div (2000 \times 4 \div 2)$$
$$= (4000-200-450-1350) \div 4000$$
$$= 2000 \div 4000 = 0.5$$

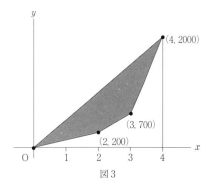

図3

　I国とII国はどちらも4人の合計年収が2000万円なので、平均年収は500万円で同じです。その一方

で、Ⅰ国のジニ係数 0.2 に対し、Ⅱ国のジニ係数が 0.5 と大きくなることは、対応する灰色部分の面積が大きくなることです。それは、格差が大きくなることを意味しており、そのように考えることによって、格差の大小をジニ係数の大小で捉えることになるのです。

これでおわかりいただけたかと思いますが、ジニ係数を出すことで、よく使われている「合計」や「平均」といった数字だけでは見えなかったものが見えるようになります。ジニ係数の発想をいろいろな分野に応用して調べると、思わぬ発見も期待できるでしょう。

5節　人間の意志が介在するゲーム理論

　およそ利害の対立する国、企業、あるいは個人が対峙（たいじ）するとき、お互い自らの戦術は秘密にするので状況は不確定になります。「ゲーム理論」は、そのような状況を合理的に分析するのに役立つもので、ビジネス戦略にも積極的に応用されるものです。

　「確率論」が組織的に研究され始めたのは 17 世紀です。それに対し、「ゲーム理論」が組織的に研究され始めたのは 20 世紀のことです。前者は人の意志とは無関係な「偶然性」が、そして後者は人の意志によって選択できる「戦略」が本質となります。

　本節では、前者と後者の違いを理解するために、あえて似ている例を紹介しましょう。両者の間にある 3 世紀という年月が、長いと思うか短いと思うかは人それぞれでしょう。例 2 は実際に遊んでみると面白いものであり、大学の講義でも、解説する前に遊んでもらうと効果が高まったことを思い出します。

＊

【例 1】　ここに A さんと B さんがいます。A、B はそれぞれコインを 1 枚ずつもっていて同時にコインを投げ、その目によって表のように得点を加えるものとします。

Aの目	Bの目	Aの得点	Bの得点
表	表	0	6
表	裏	3	0
裏	表	3	0
裏	裏	0	1

1回の試行における A、B の得点期待値をそれぞれ a、b とすると、

$$a = 3\times(\text{Aのコインが表の確率})$$
$$\times(\text{Bのコインが裏の確率})$$
$$+3\times(\text{Aのコインが裏の確率})$$
$$\times(\text{Bのコインが表の確率})$$
$$= 3\times\frac{1}{2}\times\frac{1}{2}+3\times\frac{1}{2}\times\frac{1}{2} = \frac{6}{4} = \frac{3}{2}$$

$$b = 6\times(\text{Aのコインが表の確率})$$
$$\times(\text{Bのコインが表の確率})$$
$$+1\times(\text{Aのコインが裏の確率})$$
$$\times(\text{Bのコインが裏の確率})$$
$$= 6\times\frac{1}{2}\times\frac{1}{2}+1\times\frac{1}{2}\times\frac{1}{2} = \frac{7}{4}$$

を得ます。したがって、明らかに B の方が有利です。

*

例1は、上記のような説明をするまでもなく、小学

生からも「当たり前じゃない？」と言われるでしょう。しかし、それを次のように変形すると、簡単には有利・不利の結論を出せるものではありません。

＊

【例2】　ここにAさんとBさんがいます。A、Bはそれぞれコインを1枚ずつもっていて、各自の意志によって表裏を決めて同時にコインを出し、その目によって下記表のように得点を加えるものとします（ここからの議論は若干難しい面があるので、難しいと思われる読者は適当に読み飛ばしていただければ幸いです）。

Aの目	Bの目	Aの得点	Bの得点
表	表	0	6
表	裏	3	0
裏	表	3	0
裏	裏	0	1

　A、Bがコインの表を出す確率をそれぞれ x、y であるとし、また1回の試行におけるA、Bの得点期待値をそれぞれ a、b として、どちらが有利であるかを考えてみましょう。なお、x と y は確率ゆえ、0以上1以下です。

まず、

$$a = 3×（\text{A のコインが表の確率}）$$
$$×（\text{B のコインが裏の確率}）$$
$$+3×（\text{A のコインが裏の確率}）$$
$$×（\text{B のコインが表の確率}）$$
$$= 3×x×(1-y)+3×(1-x)×y$$

$$b = 6×（\text{A のコインが表の確率}）$$
$$×（\text{B のコインが表の確率}）$$
$$+1×（\text{A のコインが裏の確率}）$$
$$×（\text{B のコインが裏の確率}）$$
$$= 6×x×y+1×(1-x)×(1-y)$$

が成り立ちます。ここで、両者が互角となる状況は、期待値が等しい $b=a$ の状況であることに注意して、その状況を考えてみましょう。

$$6×x×y+1×(1-x)×(1-y)$$
$$= 3×x×(1-y)+3×(1-x)×y$$

が成り立つことは、次の式が成り立つことと同じです。

$$6xy+1-x-y+xy = 3x-3xy+3y-3xy$$

上式が成り立つことは、次の式が成り立つことと同じ

です。

$$13xy - 4x - 4y + 1 = 0$$

上式が成り立つことは、次の式が成り立つことと同じです。

$$xy - \frac{4}{13}x - \frac{4}{13}y + \frac{1}{13} = 0$$

上式が成り立つことは、次の式が成り立つことと同じです。

$$\left(x - \frac{4}{13}\right)\left(y - \frac{4}{13}\right) - \frac{16}{169} + \frac{1}{13} = 0$$

上式が成り立つことは、次の式が成り立つことと同じです。

$$\left(x - \frac{4}{13}\right)\left(y - \frac{4}{13}\right) = \frac{3}{169} \quad \cdots \quad (*)$$

ここで xy 座標平面上に、（ $*$ ）のグラフを

$$0 \leqq x \leqq 1, \ 0 \leqq y \leqq 1$$

の範囲で描くと、次の図のような双曲線の一部になります。

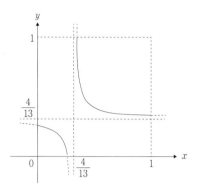

　図において、双曲線上でAとBの期待値は等しいので、その他の場所ではAかBのどちらかが有利です。また、直観的な表現を許していただくと、Aが有利な場所からBが有利な場所へ連続的に移っていくとき、必ずAとBが互角な場所を通過することになります。

　いま、双曲線の内側にある点 $(0, 1)$ は、Aが表を確率0で出しBが表を確率1で出す場所です。よって、点 $(0, 1)$ では明らかにAが有利で、したがって双曲線の内側はAが有利な範囲となります。

　また、双曲線の外側にある点 $(0, 0)$ や $(1, 1)$ では、表裏に関しては両方とも同じものを出すので、双曲線の外側はBが有利な範囲となります。

　ここで、$x = 4/13$ という直線（点 $(4/13, 0)$ を通って y 軸に平行な直線）に注目すると、その直線上ではAが

常に有利な範囲です。要するに、Aは確率4/13で表を出してゲームを行うと、Aは常に有利なのです。

それでは、Aはどのようにすればよいのでしょうか。AはBに見えないように事前に52枚のトランプから1枚を引いて、それがエース、キング、クイーン、ジャックならば、Aは表を出せばよいのです。

＊

例2のゲームを、A、Bそれぞれの立場を決めて、2人で行ってみると面白いでしょう。たとえば、10分という制限時間を設けて、その間の合計得点で勝ち負けを決めるのです。

第7章　数学教育の歴史と
　　　　これからの未来

1節　江戸時代から高度経済成長期まで

　ここまで、算数・数学の面白さを伝えるべく、「仕組み」「図形」「変化」「データや確率」という4つの観点からいろいろな問題を紹介してきました。なかには「なるほどな」「面白いな」「不思議だな」と思えるものがあったのではないでしょうか。そんな問題があれば、数学の世界へと1歩進み出し、ぜひ自分でもっと調べてみてください。

　最後の章ではまとめとして日本におけるこれまでの数学教育の歴史をふり返り、また、今後はどのような数学教育が望まれるのかを考えていきます。まずは江戸時代の人々の数学教育からはじめましょう。

　江戸時代では、数学教科書『塵劫記』（吉田光由（1598-1673）著）が国民の間に広く普及したこともあって、国民の数学レベルは世界的にも相当高かったのです。初版本は1627年に刊行され、以後、何回も改版されています。生活に根差した題材で構成されていることが、広く普及した要点でしょう。ここで、図形と整数に関する話題を紹介しましょう。

　木の高さを求めるとき、長方形の紙の隅を折るなど

して直角二等辺三角形 ABC を用意します（もちろん当時は英語文字はない）。木の先端を D、幹が地面と交わる点を E、人の目の高さを ℓ、E から ℓ の高さにある幹の点を F とします。そして、辺 BC が地面に平行になるようにして、直角二等辺三角形 ABC の辺 BA の延長上に D が来るように立ち、B から地面に垂線を引いたときの交点を G とします。なお、辺 BC が地面に平行になるようにするには、頂点 A から小石を付けた紐をぶら下げて、その紐が直線 AC と一致すればよいです。

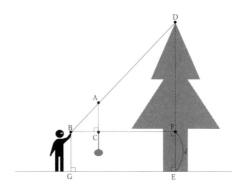

　三角形 DBF は直角二等辺三角形なので、DF（D と F の長さ）と BF の長さは同じです。さらに、四角形 BGEF は長方形なので、それは GE と同じで、GE は測ることができます。そこで、

$$\text{木の高さ} = GE + \ell = GE + EF$$

となります。

　次は整数の問題です。
　一斗桶に油が一斗入っている。空の七升枡と三升枡を用いて、五升と五升に分ける方法を述べよ。なお、一斗は約 18ℓ（リットル）で、十升は一斗である。
　適当に試行錯誤すれば解答に辿り着きますが、たとえば1ステップずつ次のようにすればできます。

10升	7升	3升	
10	0	0	（スタート）
7	0	3	
7	3	0	
4	3	3	
4	6	0	
1	6	3	
1	7	2	
8	0	2	
8	2	0	
5	2	3	
5	5	0	（完成）

明治維新を成し遂げた人材を松下村塾で育てた吉田

松陰（1830-1859）は、後に杉浦重剛が品川弥二郎の談話として残した「先生は此算術に就ては、士農工商の別なく、世間のこと算盤珠をはづれたるものはなし、と常に戒しめられたり」（「松陰四十年」、日本及日本人、政教社）という言葉からも分かるように、数学教育を重視していました。この松陰の教えが以下のように、昭和の高度経済成長期まで脈々と受け継がれてきたと考えます。ちなみに塾生の中で、生き残った伊藤博文、井上馨、山縣有朋、品川弥二郎、野村靖らは、明治政府の中核となったのです。

　1875年から1879年まで日本の工部大学校（東京大学工学部の前身）に招いて教鞭を執った英国の応用数学者・数学教育者 J. Perry（1850-1920）の教えは、技術立国・日本の礎の一角を築いたといえます。立体図形や小数計算を重視した発想は、工業の発展における柱となりました。また、ペリーが1901年にグラスゴーでの数学教育に関する講演時に以下の8項目に言及したことをきっかけとして（The Teaching of Mathematics, 1901）、数学を学ぶことの有用性の問題が注目されるようになりました。

　以下紹介する J. Perry のその講演は、数学教育の研究ではしばしば参照され、学ぶ点が多々あると思います。以下、紹介しましょう。算数・数学の学びや教育を語るときは、必ずや参考になるものと信じます。

I have hurriedly put together what strike me as obvious forms of usefulness in the study of mathematics.

(1) In producing the higher emotions and giving mental pleasure. Hitherto neglected in teaching almost all boys.

(2) a. In brain development, b. In producing logical ways of thinking. Hitherto neglected in teaching almost all boys.

(3) In the aid given by mathematical weapon in the study of physical science. Hitherto neglected in teaching almost all boys.

(4) In passing examinations. The only form that has not been neglected. The only form really recognized by teachers.

(5) In giving men mental tools as easy to use as their legs or arms; enabling them to go on with their education (development of their souls and brains) throughout their lives, utilizing for this purpose all their experience. This is exactly

analogous with the power to educate one's self through the fondness for reading.

(6) In teaching a man the importance of thinking things out for himself and so delivering him from the present dreadful yoke of authority, and convincing him that, whether he obeys or commands others, he is one of the highest of beings. This is usually left to other than mathematical studies.

(7) In making men in any profession of applied science feel that they know the principles on which it is founded and according to which it is being developed.

(8) In giving to acute philosophical minds a logical counsel of perfection altogether charming and satisfying, and so preventing their attempting to develop any philosophical subject from the purely abstract point of view, because the absurdity of such an attempt has become obvious.

(1) から (8) の意訳は、数学教育関係のいくつもの論文等で見掛けますが、私は意訳ができるほどの語学

力は備えていないので、自分なりの訳を以下述べましょう。大目に見ていただければ幸いです。

　　私は、数学の学びにおける有用性を明確に形成するものとして、私の頭に浮かんだことを取り急ぎまとめる。

　（1）より高い感動を生みだすことや精神的喜びを与えること。従来、ほとんどの少年達（学生達）を教える際に無視されてきたことだが。

　（2）a 知能の発達　b 論理的思考力を生みだすこと。従来、ほとんどの少年達を教える際に無視されてきたことだが。

　（3）自然科学の学びにおいて、数学的な武器（ツール）が役立つこと。従来、ほとんどの少年達を教える際に無視されてきたことだが。

　（4）試験に合格すること。従来から無視されなかった唯一の形。教師によって本当に認知された唯一の形。

　（5）人間に手足のように簡単に使える思考のツールを与えること。この目的のためにすべての経験を活用しながら、人生を通して、教育（精神と脳の発達）とともに進むことを可能にすること。これは正に、読書に対する愛好心を通じて自分自身を教育する力と類似している。

　（6）自己のためということから離れて、物事を

考える重要性を人々に教えること。それによっ
て、既存の権威という、いやな軛（くびき）から自由にさせ
ること。そして命令に従う人であろうが他に命令
を下す人であろうが、自分が崇高な存在の一人で
あることを自覚させること。これは普通、数学の
学び以外に託されている。

　（7）応用科学のあらゆる専門職に携わる人々
に、発見された原理やそれから発展した原理が分
かると感じさせること。

　（8）哲学的な問題を考える心に対して、自身も
魅了しかつ満足させながら完成した論理的な助言
を与えること。そして、次のような試みをしても
無駄だという理由から、過度に抽象的な見方で哲
学的な主題を発展させようとする試みをしないよ
うにすること。

　第二次大戦の末期に、優秀な科学者の育成を目的と
して設けられた特別科学学級（特別科学組）は、1944 年
12 月から 1947 年 3 月までのわずか 2 年半でありまし
たが、戦後の日本を築いた指導的立場の人達を数多く
輩出しました（ウィキペディアなどにリストがありま
す）。旧制中学の三学年末までに微分積分や（複素）関
数論まで履修できた背景には、現行の中学 1 年、2 年、
3 年に相当する学年での数学授業時間数は週 8 時間も
あったのです。もっとも、この時代の数学教育は微分

積分関係の内容が主で、現在の大学数学の基礎として微分積分と並んで学ぶ線形代数は、戦後から始まったものです。

　高度経済成長期の終りを告げる頃まで、高校数学教科書のレベルは現在より相当高かったです。文系は数学Ⅰ（5単位）、数学ⅡA（4単位）が必修、理系は数学Ⅰ（5単位）、数学ⅡB（5単位）、数学Ⅲ（5単位）が必修でした。当時の数学Ⅰには、現在での選択科目の数学Ⅱに入っている三角関数や対数関数も含まれていました。戦後から当時までの高校数学は、日本を世界一の技術立国として発展させる礎としての位置付けがあったと考えます。たとえば小松製作所では、大学には進学しない高卒者にも、品質管理に直結する統計のχ二乗検定を教えて、役立ててもらっていたほどです。

　なお私は、現在の高校生全員に「当時としては最低限の数学Ⅰ、数学ⅡA を必修にさせる時代に戻せ」、というような考えは全くありません。高校数学としての「基準カリキュラム」を設けて、「理解が遅い生徒には小学算数の内容だけをしっかり理解して学んでもらって、高校での数学の学習を終わらせるコースがあってもよい」という考えをもっています。護送船団方式で一律に数学を学ぶ発想には無理があり、戦後復興期の仕方のない面があったと捉えます。

2節 「ゆとり教育」時代に表面化した数学嫌い

　高度経済成長期が終わった70年代の終わりから、教育を取り巻く課題は大きく変わってきました。少子化、格差拡大、答えだけ当てるマークシート方式による大学共通一次試験の導入などの他、日本の「数学嫌い」の問題が表面化してきました（国際数学・理科教育動向調査 TIMSS などを参照）。

　この頃からでしょうか、「これからの日本は文化だ」という言葉を背景に、いわゆる「ゆとり化」の数学教育が始まったのです。徐々に履修内容と履修時間数が減っていき、1998年の学習指導要領改訂で究極の「ゆとり教育」の骨組みが定められました。1970年代まで、小学校算数の全学年合計時間数は1047時間あり、中学校数学の全学年合計時間数は420時間ありました。それらは、究極の「ゆとり教育」では算数が869時間、中学数学が315時間になったのです（1年、2年、3年とも世界的に見ても最低ランクの週3時間）。また、高校数学としての必修授業時間数は、究極の「ゆとり教育」では0時間になりました。3単位（週3時間）の数学Ⅰと2単位（週2時間）の数学基礎の選択必修になったのです。

　驚いたのは、そのように"3割削減"した内容が、当初は「ゆとり教育」の「上限」でした。2002年に、当時の遠山敦子文部科学大臣が「学びのすすめ」を発表して学習指導要領の内容を「下限」とするまでは、そ

の内容を「上限」とする厳しい"指導"まであったのです。

さらに1990年代後半には、数学の授業時間数が今後減ることで、いくつかの県では高校の数学教員がゼロ採用になったばかりでなく、「数学の教員はもはや役に立たない。教員室でのあなたの机はない。家庭科の教員免許を取ったら残してあげる」、などと校長から肩叩きされた優秀な数学教員が何人もいました。そして、家庭科の教員にさせられた元数学教員がエプロンを付けて、夕方のテレビ情報番組に"さらし者"のように出演させられたこともありました。

このような状況を「日本版文化大革命」と捉えた私は、その流れを改めさせるために軸足を数学教育に移し、行動を起こしました。朝日新聞「論壇」（1996年11月7日号）、朝日新聞「論壇」（2000年5月5日号）、『分数ができない大学生』（分担執筆、1999年、東洋経済新報社）をはじめ活字によって数学の意義を訴えるほか、全国の小中高校に数学の面白さを伝える出前授業も積極的に開始しました（半分は手弁当）。

算数・数学教育の基礎に関して、「ゆとり教育」では相当無責任な教育があったことを数字で示しましょう。次の表は、2013年度の私のゼミナール生が教科書研究センターで調査して得たものですが、塾や家庭教

師で学ぶことができない子ども達への教育は、無責任にならざるを得ないことの証明であると理解できます。

表は算数・数学教科書でシェアの大きいA社、B社の教科書について、①小数・分数の混合計算（小学校教科書）、②3つ以上の数字が入った四則混合計算（小学校教科書）、③3桁×2桁以上の掛け算（小学校教科書）、④全文記述の証明問題（中学校教科書）、それぞれの問題数です。

	①	②	③	④
A社（1970年）	60	133	87	200
A社（2002年）	0	39	0	64
B社（1970年）	12	33	92	201
B社（2002年）	0	22	0	63

①に関しては、小数か分数のどちらかに統一しなければ計算はできませんが、その種の問題が無かったのです。

②に関しては、計算の順序をまともに教えなかったと言えるものです。2006年7月に国立教育政策研究所が発表した「特定の課題に関する調査」（小4-中3、合計約37000人対象）で、「3＋2×4」の正解率が小4、小5、小6となるにしたがって、73.6％、66.0％、58.1％と逆に下がっていく珍現象があったのです。

③に関して「ゆとり教育」では、「2桁同士の掛け算ができれば、3桁同士の掛け算などもできる」という無責任な考え方によって、諸外国や過去の日本の教育に例を見ない2桁同士の掛け算の教育だけで終わらせてしまったのです。私は当初から、3桁同士の掛け算はとくに拘ったのですが、それには本質的な理由があります。その意義を、ドミノ倒し現象を用いて説明しましょう。

　2つだけの牌では、倒すと倒されるだけの関係です。しかし3つの牌になると、真ん中の牌は「倒されると同時に倒す」働きをします。実は掛け算の筆算も同じ構造があって、2桁同士の掛け算の途中では繰り上がった数を足すだけで終わります。それが3桁同士の掛け算の途中では、3つの牌によるドミノ倒しの真ん中の牌と同様に、繰り上がってきた数を足すと同時にさらに一つ上の位に足す作業が行われます。4桁以上の掛け算では、新たな作業は加わることなく次々と続いていくことが分かります。だからこそ、3桁同士の掛け算は重要なのです。

　④に関しては、論証教育を重視するインドの教科書では大量の問題数があります。また、計算機のプログラム文を書くことと数学の証明文を書くことは、水を漏らさぬように論理を積み重ねていく点で似ています。

学力の国際調査結果で日本に関してよく指摘される
ことは、「いわゆる単純な計算は得意であるが、説明文
の答案には白紙が多い」ことです。忘れられないこと
は、2004年2月に行われた千葉県立高校入試の国語
で、地図を見ながらおじいちゃんに道案内することを
想定した文を書く問題が出題されました。

　結果は、なんと半数が0点だったのです。地図の説
明は、筋道を立てて論理的に説明する力を見る点で適
当な題材であり、中学数学における図形の作図文や証
明文の学びを大切にすべきことを示しています。

　前出の国立教育政策研究所が発表した調査結果で
は、小学4年生を対象とした「21×32」の正答率が
82.0％であったものの、「12×231」のそれは51.1％に
急落。小学5年生を対象とした「3.8×2.4」の正答率が
84.0％であったものの、「2.43×5.6」のそれが55.9％に
急落しました。それを機に私は、文部科学省委嘱事業
の「（算数）教科書の改善・充実に関する研究」専門家
会議委員に任命され（2006年11月〜2008年3月）、掛け
算の桁数の問題、四則混合計算の問題、小数・分数の
混合計算の問題、等々についての持論を最終答申に盛
り込んでいただき、その後の算数教科書は改善されて
きています。

３節　少子化と IT の現代

　2022 年に政府の教育未来創造会議は、理系分野を専攻する大学生の割合を現在の 35% から 50% に増やす目標を掲げ、関係省庁は理系学部設置や理系学生への奨学金充実を目指す具体的行動に移りました。IMD「世界競争力年鑑」によると、日本は 1989 年から 1992 年まで 1 位を維持していたものの 2022 年には 34 位まで順位を下げたことを見ても、技術立国日本の将来を憂える立場からは理解できることでしょう。

　前節でも触れましたが、1980 年代から 1990 年代にかけて「（技術立国として）経済成長を遂げた日本は、これからは文化だ」という発言が大手を振って歩き、「ゆとり教育」に突入した当時とは一変した空気を感じます。イソップ童話の「ウサギと亀」で、余裕から昼寝をしたウサギが目を覚ました時を想像する人は少なくないでしょう。

　現在の日本版「ウサギと亀」では、逆転は十分に可能だと考えます。そのためには最重要課題として、理系分野の基礎として必須の数学に関する「数学嫌い」を減らし、目覚めた人達が理系分野で活躍する人材に育ってもらうことが大切なはずです。

　ここで、背景にある人口に関するデータを紹介しましょう。2022 年の出生数は 80 万人割れとなって、第 1 次ベビーブーム世代のピークの 270 万人、第 2 次ベ

ビーブーム世代のピークの209万人と比べると余りにも少ないです。その一方で、たとえばTIMSS（国際数学・理科教育動向調査）などの調査結果から、日本の数学嫌いの割合は高止まりしています。それゆえ、「数学嫌い」を「数学好き」に変える対策を講じない限り、理系分野の充実は絵に描いた餅になるでしょう。もちろん、文系でも客観的な説明では数字を用いることが必須の時代ゆえ、数学の素養は大切です。そもそも、諸外国では日本のような文系・理系という分け方は、ほとんど見掛けないと思います。

　最近、いわゆる「リケジョ」ブームなるものを感じます。理系分野に進学の少なかった女子を増やすために、理数系に興味・関心の高い女子に特別な授業等を施して才能を伸ばす試みです。私も90年代後半からのべ200校の小中高校で出前授業を行ってきましたが、その中にはSSH（スーパーサイエンスハイスクール）指定校で多くの優秀な女子生徒に出会って感激した思い出があります。

　一方で私は、児童養護施設や問題が多いと言われる高校での出前授業も手弁当で行ってきたように、あまり光が当たらない学校などにも積極的に訪ねてきました。そのような経験から思うことは、繰り返しになりますが、初等中等教育、とくに小学校での算数教育が重要だということです。

かつて、タレントやキャスターとして活躍された東京大学工学部卒業の菊川怜さんはテレビ番組「徹子の部屋」で、「自分が受けた小学校の算数授業では、考える面白さを皆が教えられて、クラスの皆が算数好きでした」というように述べられました。これは素晴らしい発言ですが、現状は「理解」を無視した「暗記教育」が横行しており、この辺りから改善していく必要をやはり痛感します。

　前後して 2019 年に、経済産業省は「数理資本主義の時代〜数学パワーが世界を変える」というレポートを発表しました。全文 50 枚に及ぶレポートはネット上で誰でも読めるようになっていますが、とくに以下の点に注目します。

　まず本文冒頭で、社会のあらゆる場面でデジタル革命が起き、「第四次産業革命」が進行中で、この第四次産業革命を主導し先へと進むために欠かすことのできない科学が三つあると捉え、「それは、第一に数学、第二に数学、そして第三に数学である！」と述べている点は、驚くばかりです。日本では「数学が何の役に立つのか分からない」というイメージが未だに根強くあるだけに、後戻りができない決意を感じます。そして、数学教育に賭ける諸外国の動向に関する部分は参考になるでしょう。

　さらに、「遅ればせながらやっと指摘したのか」とい

うものとして、以下２つの文言が印象に残ります。

「数学の知識や能力を習得するためには、初等中等教育の段階から、数学に関する興味を高め、あるいは数学に関する苦手意識を払拭することも重要である」

「（2006年５月に文部科学省科学技術政策研究所が発表したレポート）『忘れられた科学——数学』の問題提起以降、文部科学省が数学と諸科学や産業との協働を推進してきたのに対し、経済産業政策・情報政策を所掌する経済産業省が数学の重要性について気づくのは、遅かったと言わざるを得ない」

　ここで、IT時代の基礎となる数学の特徴を簡単に述べましょう。アナログからデジタルの時代へというように、「整数」の概念が重視されます。とくに符号理論は柱となるもので、たとえば大多数の商品に付いている13桁のバーコードは初歩的な例となります。

　13桁のバーコードを、

$$a_1 \, a_2 \, a_3 \, a_4 \, a_5 \, a_6 \, a_7 \, a_8 \, a_9 \, a_{10} \, a_{11} \, a_{12} \, a_{13}$$

（各 a_i は０以上９以下の整数）

とするとき、a_1 から a_{12} までは商品情報を表していて、次の式（☆）

$$3 \times (a_2 + a_4 + a_6 + a_8 + a_{10} + a_{12})$$
$$+ (a_1 + a_3 + a_5 + a_7 + a_9 + a_{11} + a_{13})$$

が 10 の倍数になるように、チェックのための数字 a_{13} は定められています。実際、

$$4901480191928$$

という実例で確かめると、

$$3×(9+1+8+1+1+2)+(4+0+4+0+9+9+8)$$
$$= 3×22+34 = 100$$

となっています。

13 桁のバーコードにある a_1、a_2、…、a_{13} のうち、一つの a_i（$1≦i≦13$）だけを読み誤って、b と読んだとします。このとき、b は a_i と異なる 0、1、2、…、9 のいずれかの数なので、a_i を b に取り替えたときの（☆）の計算結果は 10 の倍数にはなりません。

なぜならば、i が奇数ならば明らかであり、i が偶数のときも、次の 10 個について、それらの 1 の位の数字はすべて互いに異なることから分かります。

$$3×0 = 0、3×1 = 3、3×2 = 6、3×3 = 9、$$
$$3×4 = 12、3×5 = 15、3×6 = 18、3×7 = 21、$$
$$3×8 = 24、3×9 = 27。$$

そのように 13 桁のバーコードは、1 文字の誤りに対しては（☆）を計算することによってそれを認識すること、すなわち結果が 10 の倍数にならないことで誤りを検出できるのです。

情報・通信時代において符号理論は極めて重要です。それは、人為的なミスばかりでなく、太陽の黒点の影響で通信路に雑音が入るような自然現象もあることから、符号理論の応援なしに情報を 100% 正確にそのまま伝達することは不可能だからです。そのように、情報伝達の段階で誤りが生じたときに、誤りがあることを認識したり、誤りを修正したりする符号が必要になります。

　前者の要求に応える符号が「誤り検出符号」で、後者の要求に応える符号が「誤り訂正符号」です。ちなみに、13 桁のバーコードは誤り検出符号です。

　誤り訂正符号においては、送られた情報の誤りを修正することを「復号」といい、いくつまでの誤りならば必ず復号できるのかという最大数を「誤り修正能力」といいます。一昔前ですが、火星探査機などからデジタル画像を地球に送るときには、誤り修正能力が 7 とか 8 の符号を使っていました。

　国連人口基金（UNFPA）は 2023 年 4 月 19 日に、インドの人口が 2023 年半ばに 14 億 2860 万人となり、中国を抜いて世界最多になるとするデータを公表しました。ちなみに、4 月 1 日現在の日本の人口は 1 億 2447 万人なので、約 11.5 倍です。初代インド首相となったネルー氏は、技術を基礎にした工業化と近代化が急務だと考えて、1951 年にアメリカのマサチューセ

ッツ工科大学（MIT）をモデルにインド工科大学（IIT）の第1校を開設しました。IT分野の教育で世界的に注目されている大学で、現在ではインド国内に23校あって、総体としてIITと呼ばれています。

　私は、IITの入試数学問題を楽しく学んだことがあります。2000年に出題されていた数学問題の16題全問が証明問題であったこと、出題範囲が日本の高校数学では扱わない同次形の微分方程式や、空間の変換を扱う3行3列の行列や、逆三角関数などの問題もいろいろ出題されていること、などが懐かしい思い出です。

　そして約80万人というIITの受験生数は、ちょうど2022年の日本の出生数です。すなわち、その子ども達が全員でIITを受験するレベルの数学力をもつと、はじめて互角になるのです。そのように考えると、いわゆる「リケジョ」という女子の才能を伸ばすことだけに目を向けるのでなく、数学嫌いに育ってしまったすべての子どもたちに目を向ける必要があるはずです。これまでの私の人生経験でも、文系がメインとして入学した学生が、卒業後は数学教諭として大活躍している者を何人も思い出します。数学は、どこかでつまずいたからもう無理、というものではなく、何歳になっても、たとえ受験を終えた後でも学ぶことができます。新たな理系人材を発掘する動きが広がることを祈る次第です。

あとがき

　私は、小学生、中学生、大学生を問わず、算数・数学を教えることが大好きです。それは生徒の皆さんや学生の皆さんが、分からないことが分かった表情を浮かべると、本当にうれしい気持ちになるからです。ニコッと笑う人もいれば、大きく頷く人もいれば、その場で飛び上がる人もいます。もちろん、大学生に算数の話題を理解してもらったときも、高校生に大学数学の話題を理解してもらったときも、話の内容やレベルは様々です。これは、単なる知識の伝達では味わうことができないことだと思います。

　だからこそ45年間もの間、10の大学で教鞭をとって（専任として学習院、慶應義塾、城西、東京理科、桜美林、非常勤として岩手、東京電機、東京女子、法政、同志社）、文系理系合わせて約1万5千人に数学を楽しく講義してきました。その間、約200校の小・中・高校で出前授業をして（北は北海道立浜頓別高校から、南は鹿児島県日置市立鶴丸小学校まで）、これも約1万5千人に楽しい小話をしてきました。なお私は、その場その場での雰囲気や反応によって話し方や内容をこまめに修正するので、授業や講演では「対面」をとくに重視しています。

　最後の本務校であった桜美林大学では、就職委員長

の時代に「就活の適性検査（非言語問題）」が苦手な学生さん達のために、後期の毎週木曜日の夜間に「就活の算数」ボランティア授業を行ったり、学長特別補佐の時代には「学長室会議」という会議はあえて欠席して、そのぶん、オープンキャンパスや出前授業に出掛けたりしました。それが、自分自身の人生にマッチしていたと振り返ります。

　小・中・高校への出前授業も、半数は手弁当で出掛けて行きました。"荒れている"と言われていた学校にも、あるいは児童養護施設にも出かけて行きました。どこに行っても、「数学の話をしてよかった」と思うことが必ずあって、人生の想い出を積み重ねました。コロナの関係で一時期ストップした出前授業も2022年の後半から再開して、広島県の盈進学園中学高等学校での模様は、当校のホームページにも掲載されています（2022年12月27日付）。

　本書で取り上げる算数・数学の題材は、上述でのものがいろいろありますが、それぞれの背景もなるべく書きました。それは読者の皆様に、バラバラ感を残すのではなく、繋がっている読後感をもってもらいたい、という気持ちがあったからです。数学的な内容では、若干難しいと思われる部分もあるかも知れませんが、その部分は適当に読み飛ばしていただきたいと思います。1つでも2つでも「面白かった！」という箇所があれば、それをきっかけとして数学の学びがより

前向きになることを信じます。

　最後に本書は、ちくまプリマー新書編集部の甲斐い
づみさんの御尽力によって完成したものであり、ここ
に心から感謝いたします。

ちくまプリマー新書

ちくまプリマー新書

chikuma
primer
shinsho

ちくまプリマー新書 446

数学の苦手が好きに変わるとき

二〇二四年一月十日　初版第一刷発行

著者　　　芳沢光雄（よしざわ・みつお）

装幀　　　クラフト・エヴィング商會

発行者　　喜入冬子

発行所　　株式会社筑摩書房
　　　　　東京都台東区蔵前二―五―三 〒一一一―八七五五
　　　　　電話番号　〇三―五六八七―二六〇一（代表）

印刷・製本　株式会社精興社

ISBN978-4-480-68470-7 C0241　Printed in Japan
©YOSHIZAWA MITSUO 2024